JN044681

-真の価値を生み出すプロセス実践ガイド-

Lean Enablers for Automotive SPICE®

河野文昭　小田祐司　清水祐樹　土屋友幸　阪野正樹　松田香理

風詠社

目次

図目次

表目次

はじめに

自動車業界で広く活用されている Automotive SPICE® を参照する際、または製品開発に必要となる国際規格に準拠する際に、開発現場での誤った活用が原因で、プロジェクト活動に計画以上の多くの時間が割かれ、本来の目的であるプロジェクトの QCD 目標が未達となる問題が起きている。今から 10 年以上も前に、こうした状況を見越していたかのように INCOSE IW 2009 in San Francisco にて INCOSE Lean Systems Engineering Working Group がプロジェクト活動の価値を高めるための Lean Enabler for Systems Engineering（LEfSE）を発表している。著者らは、この LEfSE を参考にプロジェクトの QCD 目標を達成するための解決策として、Automotive SPICE® のプロセス参照モデルをベースに開発工程で散見される「ムダを誘発する要因」および／または「潜在するムダ」の削減に効果が期待される Lean Enablers for Automotive SPICE®（LEfAS）を開発した。

本書は Automotive SPICE® のプロセス参照モデルとセットで用いることを前提として執筆されている。LEfAS は、Automotive SPICE® のプロセス参照モデルのガイドのみに活用法を限定するものではなく、ISO/IEC/IEEE 15288 および ISO/IEC/IEEE 12207 などを利用して各開発工程のプロセスを定義する場合においても参考になると考える。したがって、LEfAS の適用範囲および用途は広く、適用の仕方は読者に委ねられるが、実際に適用する際には LEfAS の内容を適用するプロジェクトに合わせてテーラリングすることをお勧めする。

また LEfAS は、Automotive SPICE® のプロセスアセスメントモデルに示されているプラクティスとセットで用いることを前提としていない。なぜならば、プロセスアセスメントモデルはプロセスを定義するためのモデルではなく、組織またはプロジェクトのプロセス、およびプロジェクト活動の結果としての作業成果物をとおしてアセスメントを実施するために用いるモデルだからである。LEfAS は、組織および／またはプロジェクトのプロセスを定義、あるいは改善する際に用いることを意図しており、Automotive SPICE® v3.1 および v4.0 のプロセス参照モデルを対象として提供されている。なお、LEfAS はプロジェクトの開発工程から呼ばれるプロセスとして具備すべき作業成果物についての記述は含んでいないことに留意されたい。

本書では、リーン開発に Automotive SPICE® を有効に適用し、プロジェクトの利害関係者に真の価値を提供するためのプロセス実践ツールを紹介する。ここで「実践」という表現を用いた意図は、組織またはプロジェクトで定義したプロセスを単に決められたとおりに受動的に実施するのではなく、リーンな開発を目指して自ら能動的に行動しプロセスを実践することを著者らは期待しており、この強い拘りを「実践」という表現で伝えることである。図 1-1 に示すようにプロセス実践ツールは、「プロセスの価値」と「Lean Enabler」からなる LEfAS に「ムダを誘発する要因」を加えて、Automotive SPICE® のプロセス毎に定義されている。著者らは、プロジェクト活動の実施者がこのプロセス実践ツールを開発活動のムダ削減に役立て、その活動の成果として利害関係者に提供する価値を最大化することを期待している。

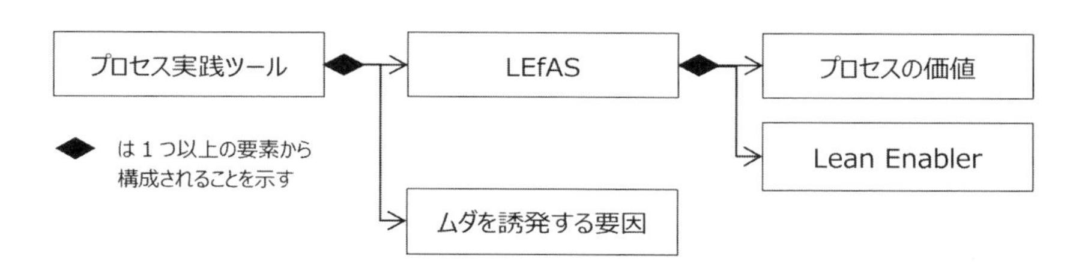

図 1-1　プロセス実践ツールの構成

1　想定読者

本書の読者は、次の知識を有する製品および／またはサービスの開発エンジニア、業務プロセスの改善推進者、ならびに業務プロセスのアセッサーを想定している。

1. プロセス参照モデル（PRM）
2. プロセスアセスメントモデル（PAM）
3. プロセス参照モデルとプロセスアセスメントモデルの適用方法
4. プロセスと工程の違い

2　Automotive SPICE® について

Automotive SPICE® は、ドイツ自動車工業会（VDA）の品質管理センター（QMC）にて活動するワーキンググループ 13 から発行された組み込み自動車システム開発のためのプロセス参照モデルおよびプロセスアセスメントモデルである。プロセスアセスメントモデルについては、ISO/IEC 33004 の規格要求事項にしたがって作成されている。これら 2 つのモデルを含む v3.1 は 2017 年に、v4.0 は 2023 年に VDA QMC より発行されている。正式な Automotive SPICE® の入手は、VDA QMC の Web サイトからダウンロードされたい。

本書が対象としているプロセス参照モデル Automotive SPICE® の構成を紹介する。v3.1 は、主要ライフサイクルプロセスカテゴリー、組織ライフサイクルプロセスカテゴリー、および支援ライフサイクルプロセスカテゴリーの 3 つのプロセスカテゴリーから構成されている。主要ライフサイクルプロセスカテゴリーの構成を表 2-1、支援ライフサイクルプロセスカテゴリーの構成を表 2-2、組織ライフサイクルプロセスカテゴリーの構成を表 2-3 にそれぞれ示す。

本書の Automotive SPICE® v3.1 に関する部位では、Automotive SPICE® v3.1 の日本語翻訳版に合わせて、Requirement の日本語訳を「要件」としている。

表 2-1　v3.1 主要ライフサイクルプロセスカテゴリーの構成

プロセスカテゴリー	プロセス群	プロセス略称	プロセス名称
主要ライフサイクルプロセスカテゴリー Primary life cycle processes category	取得プロセス群 Acquisition process group（ACQ）	ACQ.3	契約合意 Contract Agreement
		ACQ.4	サプライヤー監視 Supplier Monitoring
		ACQ.11	技術要件 Technical Requirements
		ACQ.12	法的および管理要件 Legal and Administrative Requirements
		ACQ.13	プロジェクト要件 Project Requirements
		ACQ.14	提案依頼 Request for Proposals

		ACQ.15	サプライヤー資格認定 Supplier Qualification
	供給プロセス群 Supply process group（SPL）	SPL.1	サプライヤー入札 Supplier Tendering
		SPL.2	製品リリース Product Release
	システムエンジニアリングプロセス群 System Engineering process group (SYS)	SYS.1	要件抽出 Requirements Elicitation
		SYS.2	システム要件分析 System Requirements Analysis
		SYS.3	システムアーキテクチャ設計 System Architectural Design
		SYS.4	システム統合および統合テスト System Integration and Integration Test
		SYS.5	システム適格性確認テスト System Qualification Test
	ソフトウェアエンジニアリングプロセス群 Software Engineering process group (SWE)	SWE.1	ソフトウェア要件分析 Software Requirements Analysis
		SWE.2	ソフトウェアアーキテクチャ設計 Software Architectural Design
		SWE.3	ソフトウェア詳細設計およびユニット構築 Software Detailed Design and Unit Construction
		SWE.4	ソフトウェアユニット検証 Software Unit Verification
		SWE.5	ソフトウェア統合および統合テスト Software Integration and Integration Test
		SWE.6	ソフトウェア適格性確認テスト Software Qualification Test

表 2-2　v3.1 支援ライフサイクルプロセスカテゴリーの構成

プロセスカテゴリー	プロセス群	プロセス略称	プロセス名称
支援ライフサイクル プロセス カテゴリー Supporting life cycle processes category	支援プロセス群 Supporting process group (SUP)	SUP.1	品質保証 Quality Assurance
		SUP.2	検証 Verification
		SUP.4	共同レビュー Joint Review
		SUP.7	文書化 Documentation
		SUP.8	構成管理 Configuration Management
		SUP.9	問題解決管理 Problem Resolution Management
		SUP.10	変更依頼管理 Change Request Management

表 2-3　v3.1 組織ライフサイクルプロセスカテゴリーの構成

プロセスカテゴリー	プロセス群	プロセス略称	プロセス名称
組織ライフサイクル プロセス カテゴリー Organiza-tional life cycle processes category	管理プロセス群 Management process group (MAN)	MAN.3	プロジェクト管理 Project Management
		MAN.5	リスク管理 Risk Management
		MAN.6	測定 Measurement
	プロセス改善プロセス群 Process Improvement process group (PIM)	PIM.3	プロセス改善 Process Improvement
	再利用プロセス群 Reuse process group（REU）	REU.2	再利用プログラム管理 Reuse Program Management

v4.0 も v3.1 と同様に、主要ライフサイクルプロセスカテゴリー、組織ライフサイクルプロセスカテゴリー、および支援ライフサイクルプロセスカテゴリーの 3 つのプロセスカテゴリーから構成されている。主要ライフサイクルプロセスカテゴリーの構成を表 2-4、支援ライフサイクルプロセスカテゴリーの構成を表 2-5、組織ライフサイクルプロセスカテゴリーの構成を表 2-6 にそれぞれ示す。

本書の Automotive SPICE® v4.0 に関する部位では、Automotive SPICE® v4.0 の日本語翻訳版に合わせて、Requirement の日本語訳を「要求」としている。

表 2-4　v4.0 主要ライフサイクルプロセスカテゴリーの構成

プロセスカテゴリー	プロセス群	プロセス略称	プロセス名称
主要ライフサイクルプロセスカテゴリー Primary life cycle processes category	取得プロセス群 Acquisition process group（ACQ）	ACQ.4	サプライヤー監視 Supplier Monitoring
	供給プロセス群 Supply process group（SPL）	SPL.2	製品リリース Product Release
	システムエンジニアリングプロセス群 System Engineering process group (SYS)	SYS.1	要求抽出 Requirements Elicitation
		SYS.2	システム要求分析 System Requirements Analysis
		SYS.3	システムアーキテクチャ設計 System Architectural Design
		SYS.4	システム統合および統合検証 System Integration and Integration Verification
		SYS.5	システム検証 System Verification
	妥当性確認プロセス群 Validation process group（VAL）	VAL.1	妥当性確認 Validation
	ソフトウェアエンジニアリングプロセス群	SWE.1	ソフトウェア要求分析 Software Requirements Analysis

	Software Engineering process group (SWE)	SWE.2	ソフトウェアアーキテクチャ設計 Software Architectural Design
		SWE.3	ソフトウェア詳細設計およびユニット構築 Software Detailed Design and Unit Construction
		SWE.4	ソフトウェアユニット検証 Software Unit Verification
		SWE.5	ソフトウェアコンポーネント検証および統合検証 Software Component Verification and Integration Verification
		SWE.6	ソフトウェア検証 Software Verification
	機械学習エンジニアリングプロセス群 Machine Learning Engineering process group (MLE)	MLE.1	機械学習要求分析 Machine Learning Requirements Analysis
		MLE.2	機械学習アーキテクチャ Machine Learning Architecture
		MLE.3	機械学習トレーニング Machine Learning Training
		MLE.4	機械学習モデルテスト Machine Learning Model Testing
	ハードウェアエンジニアリングプロセス群 Hardware Engineering process group (HWE)	HWE.1	ハードウェア要求分析 Hardware Requirements Analysis
		HWE.2	ハードウェア設計 Hardware Design
		HWE.3	ハードウェア設計に対する検証 Verification against Hardware Design
		HWE.4	ハードウェア要求に対する検証 Verification against Hardware Requirements

表 2-5 v4.0 支援ライフサイクルプロセスカテゴリーの構成

プロセスカテゴリー	プロセス群	プロセス略称	プロセス名称
支援ライフサイクルプロセスカテゴリー Supporting life cycle processes category	支援プロセス群 Supporting process group (SUP)	SUP.1	品質保証 Quality Assurance
		SUP.8	構成管理 Configuration Management
		SUP.9	問題解決管理 Problem Resolution Management
		SUP.10	変更依頼管理 Change Request Management
		SUP.11	機械学習データ管理 Machine Learning Data Management

表 2-6 v4.0 組織ライフサイクルプロセスカテゴリーの構成

プロセスカテゴリー	プロセス群	プロセス略称	プロセス名称
組織ライフサイクルプロセスカテゴリー Organizational life cycle processes category	管理プロセス群 Management process group (MAN)	MAN.3	プロジェクト管理 Project Management
		MAN.5	リスク管理 Risk Management
		MAN.6	測定 Measurement
	プロセス改善プロセス群 Process Improvement process group (PIM)	PIM.3	プロセス改善 Process Improvement
	再利用プロセス群 Reuse process group (REU)	REU.2	製品の再利用管理 Management of Products for Reuse

3　開発現場で起きている「プロセス改善あるある」

Automotive SPICE® はプロジェクトの QCD 目標を達成するために活用されるべきであると著者らは考えている。しかしながら、実際の開発現場では Automotive SPICE® の誤った適用を何の疑いもなく実施している組織および／またはエンジニアを目にすることが少なくない。著者らが本書執筆の動機となった Automotive SPICE® を開発現場で活用する際の誤解および課題を列挙してみる。

3.1　Automotive SPICE® のレベル達成を目的とした改善活動

ビジネス目標および組織目標の達成のための手段および道具として Automotive SPICE® を活用するのではなく、Automotive SPICE® のレベル達成を目的にしている。

・社外（発注者など）または社内から、Automotive SPICE® レベル２以上が必要と言われて、アセスメントをパスするだけのために、Automotive SPICE® の“プロセス参照モデル”と“プロセスアセスメントモデル”を区別なく取り入れ、“Automotive SPICE® ガイドライン（通称 Blue-Gold）”を読み込み、ルールと推奨事項の区別もなく、プロセスアセスメントモデルのプラクティスにしたがってプロジェクトの工程表（プロジェクト開発計画書）を作る。工程表の策定者は Automotive SPICE® を理解したと過信して、策定したプロジェクトの工程表を力任せにやり遂げようとする。

・Automotive SPICE® レベル３を目指して標準プロセスを定義したが、標準プロセスを正しく理解できていないため、プロジェクトの大小にかかわらず、柔軟性のない画一的な指示ですべての作業成果物の作成を要求する。最悪の場合、実際の作業用と Automotive SPICE® アセスメント対応用の２つの作業成果物が存在することになり、それらを Automotive SPICE® 向けプロジェクトの作業成果物とそうではないプロジェクト向けの作業成果物と主張している。

・Automotive SPICE® のレベル達成のために、プロジェクト管理、システム設計などの部門担当者がそれぞれの担当分の Automotive SPICE® 対応手順書を作るために、部門本位で作業成果物ができてしまう。部門担当者としては、手順書を作ったことでやり切った感を持っているようだが、本来実施すべき設計および検証の確認が疎かになり、品質上の不具合が発生する。不具合が増えると“改善”および／または“再発防止策”といって、チェックリストを増やし続けていく。確認のための手順書には理想形が書いてあるので、それを使えば問題ないと思っているが不具合が出ると、チェックリストが肥大化する。延々とこのループが続き、工数不足に陥っていく。工数不足を解消するためにテーラリングと称して、勝手にディビエーション（逸脱）をする。これにより、作業成果物とプロセスの一貫性が損なわれ、使えない作業成果物が増えていく。例えば、計画策定の時点から1度も更新されない計画書、機会あるごとに更新ではなくリニューアルされるスケジュール表などが見受けられる。

・Automotive SPICE® を正しく理解せず、使っていないにもかかわらず「Automotive SPICE® はダメだ、役に立たない」と言い始めて、水面下で“オレオレプロセス”が横行していく。それにより、不具合が多発して、“属人化したオレオレプロセス”がやり玉にあがり、再び Automotive SPICE® のレベルを達成すればすべて解決するのではないかとレベルを追い始める。

・発注者は Automotive SPICE® レベル2以上を要求する際に、発注者の社内にアセッサーがいないため、IATF 16949 のサプライヤー品質管理シートに Automotive SPICE® のアセスメントモデルからプラクティスを追加し、OK/NG のチェック項目をつけて、発注者の設計担当者にサプライヤーを盲目的にチェックさせる。その結果、作業成果物がないと NG になる。

3.2　Automotive SPICE® のプロセスアセスメントモデルに基づくプロセス定義

プロセス参照モデルではなく、プロセスアセスメントモデルに記載されているすべてのプラクティスに基づいたプロセスを盲目的に定義し、適合することに全集中している。

・組織および／またはプロジェクトのプロセスを定義する場合には、プロセス参照モデルのプロセス群から必要となるプロセスを選定し、各プロセスに記述されているプロセスの目的および成果に基づいて、プロセスを実施するためのアクティビティを定義することになる。その際、組織および／またはプロジェクトで実施している作業をプロセスの目的と照らし合わせ、プロセスの成果にマッピングしながら定義する。しかしながら、実際には幾つかの開発現場で、プロセスアセスメントモデルのプラクティスをそのまま組織および／またはプロジェクトのプロセスとして定義しているケースを見かけることがある。プロセスアセスメントモデルのプラクティスはプロジェクト活動をアセスメントする際にアセッサーが用いることを意図しているため、あらゆるプロジェクトに対して汎用的に用いることができるように「何をするか(What)」の観点で抽象度の高い記述内容になっている。「どのようにするか (How)」の観点が示されていないプラクティスを盲目的にすべて実施することにより、プロジェクト活動にムダを生じさせることが少なくない。

・プロセスアセスメントモデルのプラクティスをプロセス定義としてルール化したことにより、プロセス目標は達成しているが、プラクティスの説明用エビデンス作成に時間がかかり、プロジェクトの全体工数に対する説明用エビデンス作成工数の割合が大きくなっている。

・Automotive SPICE® のプロセスアセスメントモデルを行単位（一語一句）で捉え、ここに書いてあるから準拠しなければならないと受け止めてプロセスを従順に定義し、テーラリングの検討をしないで作業成果物を作る。結果的に既にあった作業成果物との重複が発生する。

・プロセス参照モデルが求めている作業成果物の単位と開発現場で作成している作業成果物の単位が必ずしも一致していないため、開発現場の担当者は説明が上手くできない場合には、プロセス参照モデルが求めている作業成果物の単位に置き換えるなどの本来は不要な作業が発生する。

3.3　肥大化、複雑化したプロセス定義

定義したプロセスの数および量が増えて業務が複雑になり、開発現場がやり切れていない。

・ビジネスの側面としての必要性に迫られ、Automotive SPICE® のレベル達成を目的としてしまい、Automotive SPICE® のプロセス参照モデルを参考にしてプロセスを構築するのではなく、プロセスアセスメントモデルのベースプラクティスとジェネラルプラクティスのすべての要求事項（WHAT）および備考を、そのままプロセス（HOW）として詳細化し定義してしまうことで、遵守しなければならないプロセスが細分化されすぎ、肥大化、複雑化している。

・開発現場では、定義したプロセスを実施することが求められるが、肥大化、複雑化したプロセスを正確に理解することが難しく、本来はモノづくりを効率化するためのプロセスが、理解不足または時間的制約などからおざなりになり、属人的な作業が優先され、定義したプロセスを遵守することが困難になっている。

・定義したプロセスが肥大化、複雑化することで、プロセスに準拠したテンプレートに沿った作業が膨大になり、本来のモノづくりの工数が逼迫してしまう。

3.4　プロセスを利用するユーザー指向が欠落しているプロセス

定義したプロセスを利用するユーザーを強く意識したプロセスになっていない。

・対象製品の知識不足および組織文化を理解していない人が定義したプロセスに沿って開発活動を行った場合、必要な作業成果物の作成モレおよび作業成果物内の記載項目不足により、リワークが発生する。

・社外標準（デジュールスタンダード、デファクトスタンダードなど）の知識不足の人によって定義されたプロセスに沿って活動を行った場合、活動内容または作業成果物自体の規格準拠性についての説明および論証が不足し、定義したプロセスの再構築が発生する。

3.5　定義したプロセスを開発現場に落とすだけの一方通行プロセス展開

定義したプロセスを利用するユーザーにプロセスを展開するだけで、ユーザーの利用推進を図っていない。

・定義したプロセスを展開する側（エンジニアリングプロセスグループなど）がプロセス参照モデルの目的および意図を理解していない。または定義したプロセスを利用するユーザー側にプロセス参照モデルの目的および意図を理解してもらえていない。

・定義したプロセスを展開する側（エンジニアリングプロセスグループなど）は、開発現場に適応したプロセスとなっていることを確認していない、あるいは定義したプロセスに対する要望または改善を受け入れるための窓口と仕組みによるフォロー体制ができていない。その結果、定義したプロセスをよりよくし、利用するユーザーに合致したプロセス定義ができていない。

本書は、開発現場でのプロセスの定義と実施の誤り、および Automotive SPICE® の適用に関する課題に対処し、ムダを排除したリーンな開発活動を促進するためのヒントを提供する。次章以降ではヒントを実現するためのプロセス実践ツールについて紹介する。

4 Lean Enabler

4.1 リーン（Lean）

リーン（Lean）とは、目的達成に不可欠な要素のみを取り入れ、不要な要素（ムダ※1）を一切排除した状態を指す。これは、筋肉質で脂肪のない人体に例えることができる。この概念は1980年代、「トヨタ生産方式」の研究から発展したMITによる「リーン生産方式（Lean Production System）」として広く知られるようになった。

プロジェクトが利害関係者※2に提供する製品および／またはサービスがもたらす価値は、多角的にリーンを追求することでもたらされる。価値は利害関係者の要求を満たすことで足りることもあれば、足りないこともある。すなわち、利害関係者が真に欲する価値を的確に見極め、製品および／またはサービスに対する利害関係者要求として適切かつ十分に引き出しきれていないと足りないことになる。利害関係者要求の引き出しが足りないと、システム実現の基となるシステム要求に利害関係者が真に欲する価値は反映されず、不足している利害関係者要求およびシステム要求を満たすだけでは利害関係者が真に欲する価値を提供するまでには至らない。したがって、プロジェクトが開発する製品および／またはサービスが有するべき利害関係者にとっての真に欲する価値を適切に見極め、その価値を機能／非機能として適切に実現することが必要となる。また、ムダを排除したリーンな活動を行うことで、利害関係者に提供する製品および／またはサービスにさらなる価値を生み出すことも可能となる。

※1：文中の「ムダ」は本来「無駄」と書くが、本書では「ムダ」とした。

※2：本書では、開発プロジェクトの実施者（オーナー、リーダー、メンバーなど）、発注者、最終利用者（ユーザー）など、取り扱う製品および／またはサービスについて利害関係を有する者を指す。

4.2 イネーブラー（Enabler）

イネーブラーとは、製品および／またはサービスのライフサイクルの各ステージにて、関係者の活動に対する「関心事」に関するアクティビティを効果的かつ効率的に実施し、利害関係者のニーズおよび要求を満たす活動のための促進剤である。例えば、対象システムの開発活動を促進するためには、開発プロセス、開発資産データベース、試験装置、開発要員のトレーニングカリキュラムなど、多様なイネーブラーが挙げられる。詳しくは、システムズエンジニアリングハンドブックを参照されたい。

以降に登場するLean Enablers for Systems Engineering（LEfSE）は、リー

ン思考に基づくシステムズエンジニアリングを実践するときに「するべきこと」「するべきではないこと」をイネーブラーとして集めた推奨事項であり、システムズエンジニアリングのリーンな実践に役立てるための促進剤である。Lean Enablers for Automotive SPICE®（LEfAS）は、リーン思考に基づいてAutomotive SPICE®のプロセスを実施するときに「するべきこと」「するべきではないこと」をイネーブラーとして集めた推奨事項であり、Automotive SPICE®のプロセスのリーンな実施に役立てるための促進剤である。

4.3 Lean Enablers for Systems Engineering（LEfSE）

製品および／またはサービスの価値は、利害関係者のニーズおよび要求を満たし、次工程から望まれるタイミングで提供するなど、開発のムダを最小限に抑えることで最大化できると考えられる。通常、製品および／またはサービスを利害関係者に提供する際には何らかのプロセスを適用して開発することになる。INCOSE Lean Systems Engineering Working Groupでは、プロセス参照モデルであるISO/IEC/IEEE 15288に基づくシステムズエンジニアリングのプロセスについて、技術的には健全であると見なされるが非効率であることを課題として掲げ、それを解決するための方策として2009年にLean Enablers for Systems Engineeringを提唱した。Lean Enablers for Systems Engineeringは、Lean Thinkingの知恵を活用してムダをできるだけ削減するためのLean Systems Engineeringの知識体系として、システムライフサイクル全般をスコープにおき、システムズエンジニアリングを実践する際に適用するプロセスを補足する価値主導型の6分類147項目のチェックリストであると著者らは理解している。Lean Enablers for Systems Engineeringの6分類の基となるリーン開発の6原則を表4-1に、ムダなく価値を創造するための総体的な実現手段（Holistic approach）であるLean Enablers for Systems Engineeringの6分類を図4-1に示す。

Lean Enablers for Systems Engineeringは強制手段として意図されたものではなく、システムズエンジニアリングの実践に関わるすべての利害関係者の「ベストプラクティスの認識を向上させることを意図して定義されたリーンを実現する手段」である。またLean Enablers for Systems Engineeringは、すでにISO/IEC/IEEE 15288でカバーされているプロセス情報を繰り返すものではないことに留意されたい。

表4-1のリーン開発の6原則は、次の項目からなる。

1. プロジェクトが利害関係者に提供する製品および／またはサービスが有する

「価値（Value）」
2. 価値を実現するための全体の流れおよび活動である「価値の流れ（Value Stream）」
3. 中断、淀みのない活動を実現する「流れ（Flow）」
4. 必要なときに必要なものを必要なだけ引き取るための「引き込み（Pull）」
5. 継続的にムダの排除を促進する「完璧（Perfection）」
6. 価値を創造する一連の活動をスムーズに進めるために人と人との調和および信頼関係を築く「敬意（Respect for People）」

表 4-1 の参考欄には、リーン開発の 6 原則についての説明を補足するため、著者の解釈を載せている。表 4-1 の説明欄および参考欄（著者の解釈）をインプットにして本書の利用者が自身の解釈を導出することで、6 原則の理解が深まることが期待できる。Lean Enablers for Systems Engineering を用いるにはこの 6 原則の理解が役立つため、利害関係者の価値創造にあたっては、自身の解釈導出を試行されたい。なお、リーン開発の 6 原則の詳細については、システムズエンジニアリングハンドブックを参照のこと。

表 4-1　リーン開発の 6 原則

No.	分類名称	説明	参考（本書著者の解釈） "◆" は各分類の捉え方、"・" は補足
1	価値 (Value)	利害関係者が価値を決める。	◆利害関係者がどのようにして製品および／またはサービスの中に得られる価値を見出すかを考え、利害関係者の価値を明瞭に示す
2	価値の流れ (Value Stream)	価値を実現するために必要なすべてのエンド・ツー・エンド（端から端まで）のプロセスとアクションのムダを省いた上で合理的に計画する。	◆製品および／またはサービスをムダなく創り出すための価値の流れを計画として策定する ・価値を実現するためのムダのない全体像（方針、戦略、プロセス群、全体計画）を描く ・利害関係者間およびプロセス間での価値のつながりを定義する ・ムダのないプロセス群により、自工程で価値を生み出せるように、生み出した価値が損なわれないように、さらに後工程で新たな価値が生まれるように価値の流れ（計画、

			ストーリー）を定義（描く、デザイン：設計）する ・可能な限りフロントローディングでタスクを実施し、早期に問題を抽出する ・アクション（プレイ）のつながりを描く ・相性のよいメンバーでチームを構成する ・サプライチェーンを意識する
3	流れ (Flow)	手戻り、停止、逆流なしで、価値の連続的な流れを作る。	◆「価値の流れ」の「流れ」の部分に着目し、流れを最適化してムダを排除する ・プロセスに沿った活動を可視化し、活動の中断、淀み、逆流のない流れを実現する ・利害関係者が協調し、適切なコミュニケーションをとる
4	引き込み (Pull)	利害関係者が必要とするタイミングで（利害関係者との協調を促進して）価値を提供する。	◆活動（価値の流れ）のやり直し（逆流）および過剰な活動による中断（淀み）を発生させないために、作業成果物は上流工程からの押し込みではなく、下流工程からの引き込みで扱い、必要なときに必要なものを必要なだけ下流工程が引き取る、あるいは上流工程が引き渡す ・活動の関係者間の多様な相互作用に対処するため、利害関係者がよりよく協調する
5	完璧 (Perfection)	ムダの排除について他者との優劣に囚われるのではなく、自身および自組織の継続的な研鑽をとおしてムダの排除を促進する。	◆利害関係者への価値を最大化するため、価値の流れにムダ、ムラ、ムリのない理想的な状態にする ・継続的な改善を意識する（エンドユーザーにとってよりよい価値が提供できているかを常に考える） ・ムダの排除を促進する（例：乾いた雑巾を絞る） ・継続的に改善するため、改善すべき点をリアルタイムに可視化する
6	敬意 (Respect for People)	人を尊敬し、信頼し、調和を図る。	◆活動は、すべての利害関係者に敬意をもって実行する ・価値を創造する一連の活動は人を中心とする ・人と人との調和を図り、信頼関係を築く

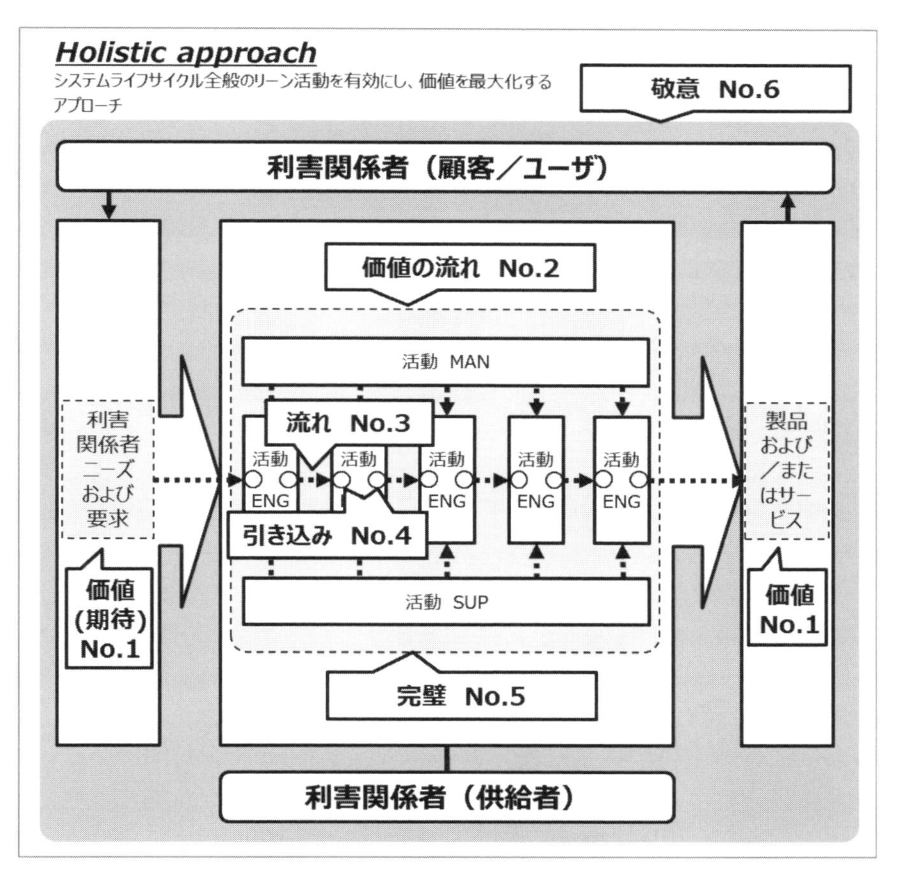

図 4-1 Lean Enablers for Systems Engineering の 6 分類の関係

4.4 Automotive SPICE® をリーンに活用するための Lean Enabler 創出

◇ LEfSE の狙い

INCOSE ワーキンググループがリリースした LEfSE のレポートには「Lean Enabler は規則および義務として利用されることを意図したものではなく、すべての利害関係者の間で、リーンエンジニアリングのためのベストプラクティスの認識を向上させることを意図したものである」と述べられている。すなわち、義務的に LEfSE を開発現場で適用するのではなく、すべての利害関係者が LEfSE をベストプラクティスとして認識し、その組織に適した形で、リーン思考に基づくシステムズエンジニアリングが実践されることを意図したものであると考える。

◇ LEfSE の活用課題

LEfSE の開発者の意図に即した形で LEfSE を開発現場で活用する場合、ユーザーは開発ライフサイクル全般において「価値」と「価値の流れ」を理解し、価値の流れに存在する淀みを観測した上で、LEfSE（例えば、「淀み＝ムダの要因」に適した流れ（Flow）に関する LEfSE）を選択し、自組織に最適化して活用する必要がある。これには LEfSE を活用する際のベースとして、全体俯瞰、価値認識、最適解の探索などのシステムズエンジニアリングの知見と力量（個々の業務に必要な知識、技能、経験、資格等の能力）が組織に要求されると考えられ、LEfSE の活用が困難な要因の１つとなっている。LEfSE を活用する場合にシステムズエンジニアリングのベース知識がないと理解が困難な事例を以下に挙げる。

・流れ（Flow）に関する Lean Enabler の例として「システムズエンジニアと開発エンジニアのシームレスなチーム活動の最大化」を採り上げる。この Lean Enabler を活用する場合には「システムズエンジニア、システムエンジニアおよびソフトウェアエンジニアなどの開発エンジニアとの間に存在する価値の流れを定義する必要があり、かつ価値の流れを阻害する要因を認識した上で、淀みを解消するためのチーム活動を検討しなければならない」ということを知見として持つ必要がある。

◇ LEfAS の必要性

著者らは自動車業界で広く活用されている Automotive SPICE® のプロセス参照モデルをベースに、開発工程で散見される「ムダを誘発する要因」と「LEfAS」をセットにしてプロセス毎に定義することで、Lean Enabler の意図を正しくユーザーに伝え、開発現場で迅速かつ有効に活用できる“プロセス実践ツール”になると考えた。そこで、LEfSEのアプローチを参考にLean Enabler for Automotive SPICE®（LEfAS）をプロセス毎に定義することとした。

4.5　Lean Enablers for Automotive SPICE®（LEfAS）

自動車業界では利害関係者に提供する製品および／またはサービスを開発するためのプロセスを定義する際に、プロセス参照モデルとしてAutomotive SPICE®を用いることが多い。そこでAutomotive SPICE®を用いて定義したプロジェクト活動に対し、利害関係者が真に欲する価値を充足するための補助的な活動としてLEfASを位置付ける。Automotive SPICE®とLEfASの関係を図4-2に示す。なお、図4-2内の利害関係者には、Automotive SPICE®とLEfASの関係を説明するために、代表的な関係者のみを採り上げている。LEfASはAutomotive SPICE®の各プロセス単位で記述され実施されることになる。

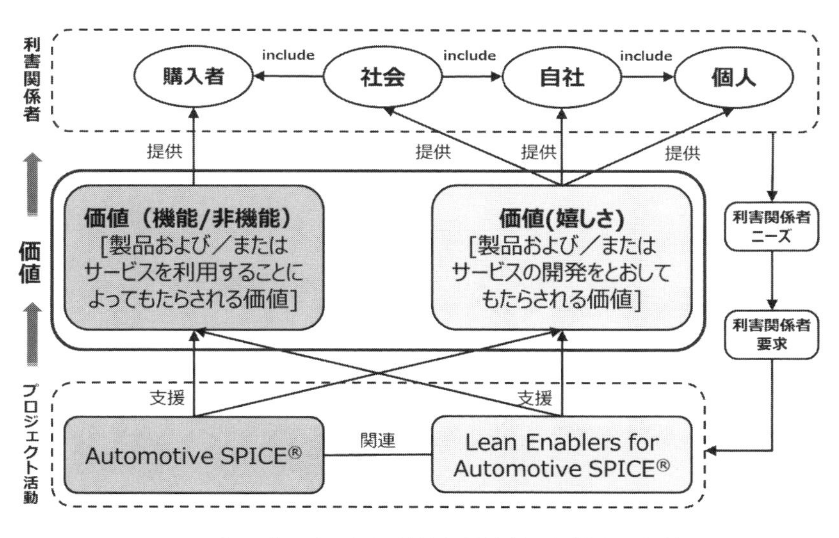

図4-2　プロジェクトが利害関係者に提供する価値

6分類のLEfSEは、システムズエンジニアリングの実践のためにISO/IEC/IEEE 15288（プロセス参照モデル）に基づいて定義されたプロセス群をエンジニアリング活動として適用する際に、その活動をリーンに実現するための手段である。LEfASもプロセスをリーンな活動として実施するための手段ではあるが、LEfASの

6分類はLEfSEの6分類のフレームワークをプロセス軸で捉えた解釈に置き換えたものである（表4-2）。Automotive SPICE®の各プロセスが担う利害関係者の「価値（Value）」を明確に定義し、そのプロセスが担う価値を実現するための価値の流れ（Value Stream）、中断および淀みのない活動を実現するための「流れ（Flow）」などを記述している。また、Automotive SPICE®の各プロセスをリーンな活動として各工程で有効に活用し、価値を最大化するアプローチ（Individual process approach）を図4-3に示す。

表4-2　Lean Enablers for Automotive SPICE®の6分類

No.	分類名称	説明
1	価値 （Value）	図4-2に示す利害関係者の観点で、当該プロセスをリーンに実施した結果から得られる“利害関係者の価値”に着目する。
2	価値の流れ （Value Stream）	当該プロセスと他のプロセスのあいだ、当該プロセスのアクティビティのあいだ、およびアクティビティ内のタスクのあいだにおいて、ムダを排除した（組織および／またはプロジェクトの）プロセスに基づく活動を計画するために、リーンに価値を実現する“全体の流れ”に着目する。
3	流れ （Flow）	当該プロセスの価値の流れに潜むムダを排除するために、当該プロセスの個々の作業を最小限の待ち時間、手戻り（逆流）なし、停止なしでおこない、利害関係者が得られる価値を“連続的”に流すための“個々の作業の流れ”に着目する。
4	引き込み （Pull）	利害関係者が得る価値をムダなく連続的に流すため、“必要なとき”に“必要なもの”（作業成果物および／または情報）を“必要なだけ”引き取る、および／または提供するための“送り手と受け手のあいだの最適”に着目する。
5	完璧 （Perfection）	利害関係者が得る価値を最大化するため、現状の競合相手を意識するのではなく、常に自組織の強化に目を向け、当該プロセスの“継続的な改善”で当該プロセスのムダを排除し、磨き上げることで、自組織の完璧な活動を目指すための“改善および進化”に着目する。
6	敬意 （Respect for People）	当該プロセスの実施による価値の創造には、利害関係者間の“相互尊重、信頼、および協力”が必要である。“人のマインド”および“人材の育成”に着目する。

これらの６分類で定義される Lean Enabler は、ムダを排除することにより、リスクの発生を抑制することが期待できる。リスク発生の例を次に示す。

・製品および／またはサービスの品質未達、納期遅延およびコスト超過
・製品および／またはサービスの市場競争力喪失
・製品および／またはサービスの受領拒否による売り上げの回収不能
・プロジェクト実施者のモチベーション低下

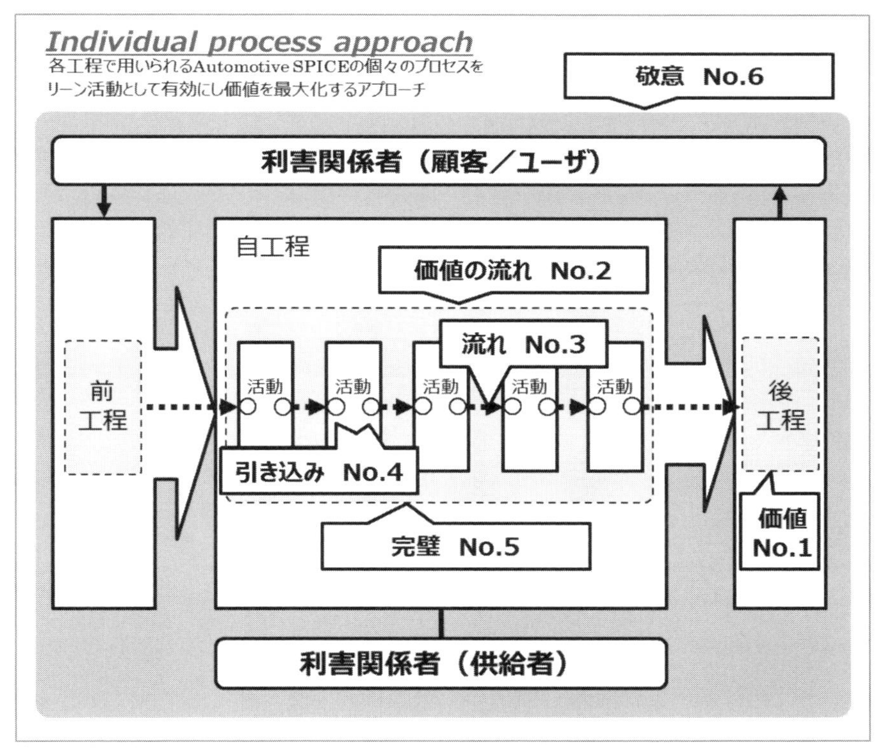

図 4-3　Lean Enablers for Automotive SPICE® の６分類の関係

Automotive SPICE® の各プロセスとそれらに対応する Lean Enabler の関係を図 4-4 に示す。プロジェクトはこの６分類の側面からなる Lean Enablers for Automotive SPICE® を用いることでプロジェクト活動のムダを削減し、利害関係者に価値を提供することが可能となる。

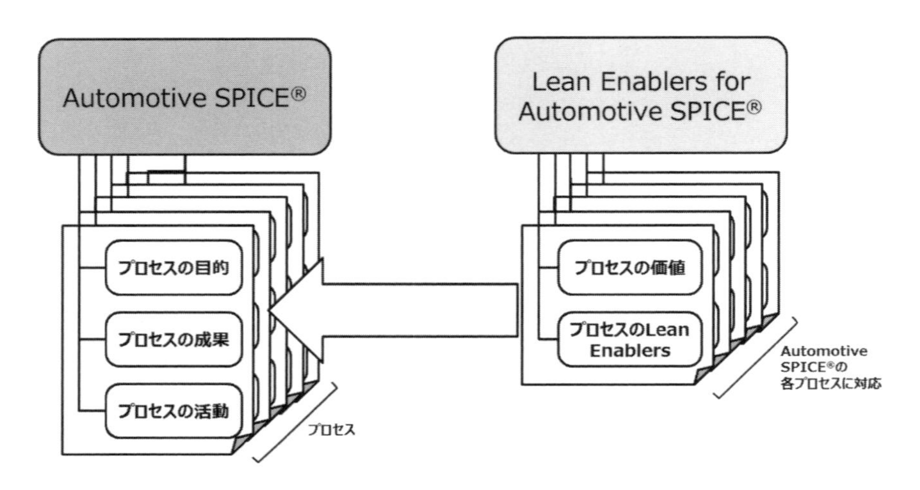

図 4-4　Automotive SPICE® の各プロセスに対応する LEfAS

4.6　Automotive SPICE® PRM/PAM と LEfAS の関係

LEfAS をどのように用いるかを説明するため、Automotive SPICE®PRM/PAM と LEfAS の関係を図 4-5 に示す。組織および／またはプロジェクトのプロセスを定義および改善する際に Automotive SPICE® のプロセス参照モデル（PRM）と LEfAS を用いる。ここで注意が必要な点は、安易に Automotive SPICE® のプロセスアセスメントモデル（PAM）を用いて定義しないことである。この点については 3 章の各節で、Automotive SPICE® のプロセス参照モデル（PRM）およびプロセスアセスメントモデル（PAM）の適切な使い方を理解しないまま、製品および／またはサービスを開発するためのプロセス定義がなされたことにより、開発現場で発生している幾つかの弊害を列挙しているので、そちらを参照されたい。

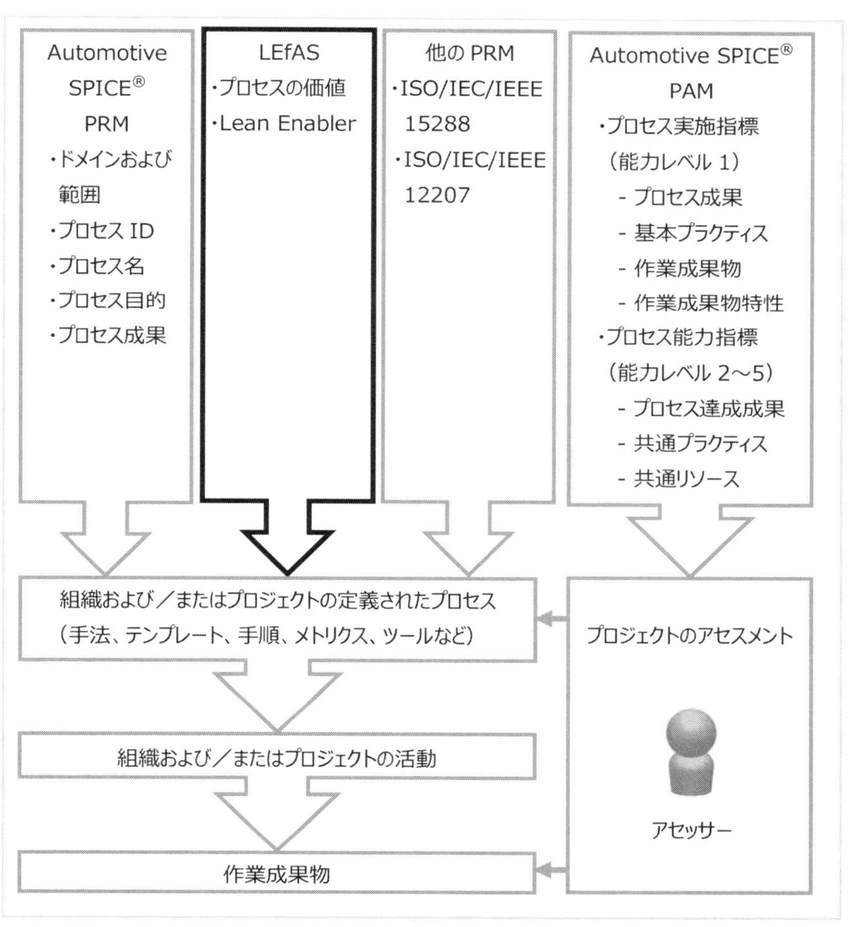

図 4-5　Automotive SPICE® PRM/PAM と LEfAS の関係

組織および／またはプロジェクトのプロセスを定義する際は、Automotive SPICE® のプロセス参照モデル（PRM）から定義するプロセスを選択し、プロセスの目的に合わせ、プロセスの成果が達成できるように該当するプロセスのLEfASを参考にしてアクティビティを記述する。このとき、記述したアクティビティがどのプロセス成果の実現につながるのかを明確にすることが重要である。このようにしてLEfASを用いて定義されたアクティビティを実施することで、ムダを排除したリーンな開発を実現していく。

実際にはLEfASの他にも、ISO/IEC/IEEE 15288、ISO/IEC/IEEE 12207、システムズエンジニアリングハンドブック、PMBOKなどが参考になるが、それらについては必要に応じて参照されたい。ISO/IEC/IEEE 15288、ISO/IEC/IEEE 12207については、アクティビティおよびタスクの記述部位を参考にされたい。一方でAutomotive SPICE® のプロセスアセスメントモデル（PAM）は、組織および／またはプロジェクトが定義されたプロセスと、そのプロセスに沿って活動した結果として生成される作業成果物に対して、アセッサーがアセスメントを実施するときに用いるものである。

LEfASの活用法の詳細については、4.9節、補足についてはAppendix.Cをそれぞれ参照されたい。

4.7 LEfSE と LEfAS の比較

プロジェクトが利害関係者に提供する製品および／またはサービスがもたらす価値を最大化するため、4.3 節 Lean Enablers for Systems Engineering（LEfSE）の枠組みに基づき、Automotive SPICE® を用いて定義したプロジェクト活動（定義されたプロセス）をリーンに実現する手段として 4.5 節 Lean Enablers for Automotive SPICE®（LEfAS）を位置付けた。これら LEfSE と LEfAS の共通点と相違点を次に示す。

◆共通点

- 製品および／またはサービスの価値向上に対するアプローチである。
- 価値（Value）、価値の流れ（Value Stream）、流れ（Flow）、引き込み（Pull）、完璧（Perfection）、敬意（Respect for People）からなる 6 分類を用いている。
- リーン開発の 6 原則（表 4-1）を視点としたリーンエンジニアリングを実現するためのプラクティスおよび示唆である。

◆相違点

- LEfSE はシステムライフサイクル全般をスコープとしたプロジェクト指向のアプローチであり、プロジェクトを実施する上で必要な「プロセスの理解」と「プロジェクト実施の豊富な経験」を有する人が、プロジェクト全体を俯瞰し、プロジェクトの状況に応じてプロジェクトをリーンに実施するためのプラクティスおよび示唆である。それに対して、LEfAS は Automotive SPICE® の各プロセスをスコープとしたプロセス指向のアプローチであり、それぞれのプロセスをリーンに実施するための具体性を合わせ持ったプラクティスおよび示唆である。
- LEfSE は先人の知見に基づくリーンプラクティス（図 4-1：Holistic approach）の提案と効果確認であり、LEfAS はプロセスに着目した、より細分化した視点によるリーンプラクティス（図 4-3：Individual process approach）の提案である。

LEfSE と LEfAS の相違を理解し、LEfAS を有効に活用するためには、「組織におけるプロジェクトの開発工程（以降は開発工程）」と「プロジェクトで活用するための Automotive SPICE® を用いたプロセス」について、正しく理解していることが重要となる。

〈開発工程とプロセスの違い〉
開発工程とは、プロジェクトで製品開発を進める流れの中で実施される作業を、開発の段階ごとにまとめた集まりを意味し、工程の順序といった時間軸の概念が存在する。製品開発の成功を確実にするために、プロジェクトの目標を段階的に分解し、分解した個々の目標が達成できるように各工程での作業を実施する。開発工程の分け方および名称は、それぞれの開発組織によって異なるが、利害関係者要求からシステム要求を洗い出す「要求定義の工程」、システム要求に基づいてシステムの全体像（アーキテクチャ）を決定する「アーキテクチャ定義の工程」などがある。
一方、プロセスとは開発活動を実施する上で必要となるルールおよび手順を定義したものであり、開発活動の目的を効果的かつ効率的に達成するために必要な事項をまとめて定義したものである。ISO/IEC/IEEE 15288、ISO/IEC/IEEE 12207、およびAutomotive SPICE® のプロセス参照モデルに記載されているように、管理系プロセス、支援系プロセス、エンジニアリング系プロセスなど、製品の開発活動には多くのプロセスが必要となる。
製品開発を進める中で、開発工程の活動を実施するために必要なプロセスが適宜呼び出され、組織またはプロジェクトで定義されたプロセスに準拠した活動が実施される。したがって、ひとつの開発工程で必要となる複数のプロセスが呼び出されて実施されることもある。例えばAutomotive SPICE® のプロセスでは、システムの「要求定義の工程」からは「システム要求分析プロセス」「アーキテクチャ定義の工程」からは「システムアーキテクチャ設計プロセス」が呼び出されるが、その他にも管理系プロセスの「プロジェクト管理プロセス」、支援系プロセスの「構成管理プロセス、問題解決管理プロセス、変更依頼管理プロセス」などが呼び出され、それぞれのプロセスに記述されているルールおよび手順にしたがってプロセスが実施される。開発工程と定義されたプロセスの関係を図 4-6 に示す。

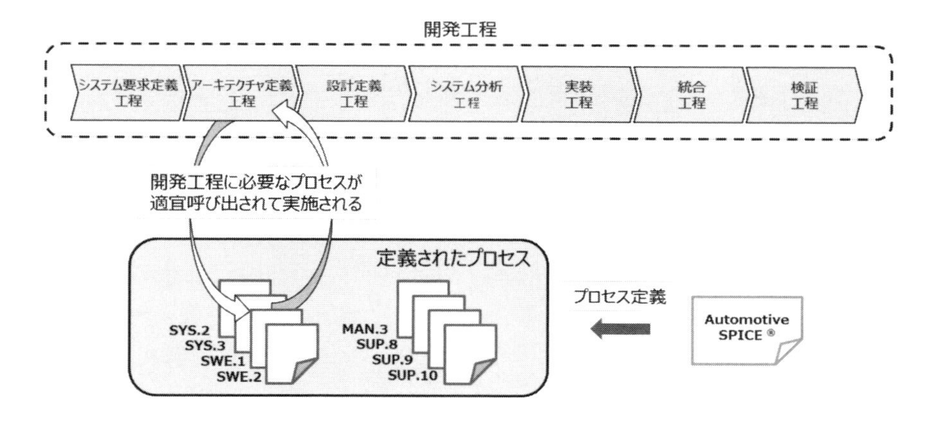

図 4-6　開発工程と定義されたプロセスの関係

4.8　ムダを誘発する要因

Lean Enabler が、どのようなムダを想定して定義されたかを理解するための参考情報として、個々の Lean Enabler に対して「ムダを誘発する要因」を併記する。「ムダを誘発する要因」は、表 4-3 に示す 6 分類の Lean Enabler の分類要因およびイメージワードをそれぞれ用いて抽出できる。表 4-3 の例に加えて「ムダを誘発する要因」をさらに導出するには Appendix A..2 を参照されたい。

このようにして、Automotive SPICE® の各プロセスにて活用する Lean Enabler に対して「ムダを誘発する要因」を導出し、5 章の表 5-2 ～表 5-18 に、また、各プロセス共通で活用する Lean Enabler に対して「ムダを誘発する要因」を導出し、6 章の表 6-1 に、それぞれ示している。

表 4-3　ムダを誘発する要因を抽出するイメージワードおよび例

No.	分類名称	ムダの誘発要因	イメージワード	ムダを誘発する要因の例
1	価値 (Value)	価値を低下させる要因	・価値の提供不足 ・価値への無関心 ・価値の理解不足 ・価値の取り込み不足 ・価値実現方法の不整備	・価値の理解、認識、共有が不足 ・価値を高める技術力が不足 ・完成度の低い作業成果物（量および質に過不足のある作業成果物）
2	価値の流れ (Value Stream)	価値の流れを阻害する要因	・流れの不整備 ・細い流れ ・複雑な流れ	・完成度の低い計画（量および質に過不足のある計画）
3	流れ (Flow)	流れに淀みおよび／または逆流を作る要因	・滞留 ・逆流	・作業遅延 ・工程内手戻り ・過不足のある作業 ・予定外の頻繁な作業
4	引き込み (Pull)	引き込みを停滞させる要因	・停滞 ・非同期	・前後工程の配慮不足
5	完璧 (Perfection)	完璧への改善および進化を阻害する要因	・不変（現状維持） ・なおざり（成り行き任せ的な姿勢） ・おざなり（場当たり的な対処）	・場当たり的な作業 ・局所的な作業 ・自律行動不足（経験不足および低いプロ意識） ・知識の不活用 ・知識の非共有
6	敬意 (Respect for People)	敬意ある行動が払われない要因	・利己意識	・コミュニケーション不足 ・合意形成の欠如 ・身勝手な振る舞い

4.9 LEfAS の開発現場での活用方法

LEfAS の活用方法として推奨する２つの方法がある。プロセスを定義する際にLEfAS を参照してプロセス定義に反映する直接的な方法と、定義したプロセスを実施する際に参照して考慮しながら活動する間接的な方法がある。

◇直接アプローチ（Appendix .C 参照）

自組織のプロセスを定義する際に LEfAS を意識する。

・「ムダを誘発する要因」の中から対処すべきムダを特定し、そのムダに対する LEfAS を考慮してプロセスを定義する。

・LEfAS を考慮してプロセスのインプットからアウトプットまでの最短の作業手順を定義する。

・過去のプロセス実施事例を蓄積し、その教訓をプロセス改善に活用するときに LEfAS を考慮してプロセスを定義する。

◇間接アプローチ（Appendix .C 参照）

LEfAS がプロセス定義書または手順書に落とし込まれていないが、プロセスをリーンに実施したい人が LEfAS の内容を理解して、現状のプロセス定義にリーンの側面を加える形で、プロセスをリーンに実施する。

・定義したプロセスのインプットからアウトプットまでの作業手順に対して、LEfAS を用いて頭の中でリーンに実施するための最短の作業手順にブラッシュアップする。

・LEfAS に基づいて、自組織に潜在または顕在するムダについて議論し、リーンにプロセスを実施する気づきを得て、定義したプロセスの実施時に気づきを活かす。

・リーンに実施する力量をスパイラルアップするためには、過去のプロセス実施事例（成功事例、失敗事例）を教訓として、どこにムダがあるのか、どこのムダを削減すると効果的なのかといった知識を蓄積して LEfAS を活用する力量を磨く。

5　各プロセス固有の LEfAS

「プロジェクトが利害関係者に提供する価値」は、表 4-2 の 6 分類で示す各プロセスの LEfAS を用いることで高めることができる。本章では、表 2-1～表 2-3 または表 2-4～表 2-6 に示す Automotive SPICE® の各ライフサイクルプロセスカテゴリーの構成から 17 のプロセスを選択し、表 4-2 の 6 分類に基づいて各々のプロセスに関する LEfAS をプロセスの観点で記述している。選択した 17 のプロセスを表 5-1 に示す。

これら 17 のプロセスは、Automotive SPICE®v3.1 および v4.0 の双方に含まれているため、本章に示す LEfAS は、v3.1 および v4.0 の双方で活用することができる。

尚、本章内では Automotive SPICE®v4.0 日本語版との整合性を優先し、requirement の日本語訳を「要求」とし、「利害関係者要求」、「システム要求」などと表現している。

表 5-1　Automotive SPICE® のプロセスから選択した 17 のプロセス

プロセス略称	バージョン	プロセス名称
MAN.3	3.1	プロジェクト管理
	4.0	プロジェクト管理
ACQ.4	3.1	サプライヤー監視
	4.0	サプライヤー監視
SYS.1	3.1	要件抽出
	4.0	要求抽出
SYS.2	3.1	システム要件分析
	4.0	システム要求分析
SYS.3	3.1	システムアーキテクチャ設計
	4.0	システムアーキテクチャ設計
SYS.4	3.1	システム統合および統合テスト
	4.0	システム統合および統合検証
SYS.5	3.1	システム適格性確認テスト
	4.0	システム検証
SWE.1	3.1	ソフトウェア要件分析
	4.0	ソフトウェア要求分析

SWE.2	3.1	ソフトウェアアーキテクチャ設計
	4.0	ソフトウェアアーキテクチャ設計
SWE.3	3.1	ソフトウェア詳細設計およびユニット構築
	4.0	ソフトウェア詳細設計およびユニット構築
SWE.4	3.1	ソフトウェアユニット検証
	4.0	ソフトウェアユニット検証
SWE.5	3.1	ソフトウェア統合および統合テスト
	4.0	ソフトウェアコンポーネント検証および統合検証
SWE.6	3.1	ソフトウェア適格性確認テスト
	4.0	ソフトウェア検証
SUP.1	3.1	品質保証
	4.0	品質保証
SUP.8	3.1	構成管理
	4.0	構成管理
SUP.9	3.1	問題解決管理
	4.0	問題解決管理
SUP.10	3.1	変更依頼管理
	4.0	変更依頼管理

5.1 ～ 5.17 に示す各プロセス固有の LEfAS には、Automotive SPICE® に記述されているプロセスの目的を踏まえて、当該プロセスを実施した結果として得られるプロジェクト目標の達成に貢献する「プロセスの価値」を記述している。各プロセス固有の LEfAS は、この「プロセスの価値」に加えて「Lean Enabler」で構成されている。

5.1　MAN.3 の LEfAS

MAN.3 プロセスの価値は次のとおりである。

プロセスの価値：プロジェクト制約の下で実行可能なプロジェクト計画を策定し、設定したプロジェクトの目標（QCD など）に照らし合わせてプロジェクト活動をコントロールすることで、期待する結果を得る。

Automotive SPICE® のプロセス参照モデルを適用する際に Lean Thinking の側面を補足するため、MAN.3 プロセスの目的（Automotive SPICE® の定義を参照）およびプロセスの価値に基づき、MAN.3 の LEfAS を表 4-2 の 6 分類項目に従い表 5-2 に記述する。

表 5-2　MAN.3 プロセスの LEfAS

分類名称	Lean Enabler	ムダを誘発する要因
価値 (Value)	MAN.3 01 定期的に実施するプロジェクト監視活動の頻度、時間および共有する情報量は、プロジェクトの進行状況および活動のリスクに応じて調整し、過不足なく設定する。進捗に関する共有情報がないのに共有するための時間を確保する、あるいは非常に多くの情報共有をする場合には、プロジェクト監視活動の頻度を適宜増減するなどの計画に基づいた適切な調整を行う。	・コントロールできない乖離が生じるプロジェクト監視タイミング
	MAN.3 02 プロジェクトマネージャーの責務として常にプロジェクト管理を優先し、マネジメント工数として最低限必要な工数を他の業務に充当しないようにする。プロジェクトマネージャーがマネジメントとエンジニアリングの業務を兼ねる場合、エンジニアリング業務の負担が大きくなるとマネジメント業務が疎かになりやすいため、マネジメント業務に掛けるべき最低限の工数を確保した上で、エンジニアリング業務の工数を割り当てる。	・プロジェクトマネージャーの過渡なテクニカル領域への介入
	MAN.3 03 プロジェクト計画の策定時には、プロジェクト進捗の管理頻度を定期的な間隔だけで定めるのではなく、アクティビティおよびタスクの期間（ボ	・プロジェクト計画の曖昧な策定日 ・プロジェクト計画策定の手順不足

	リューム)、クリティカルパスの該否／変更を考慮して頻度を定める。例えば、プロジェクト立ち上げ時および課題が発生した直後などの迅速な対応が必要な時にはプロジェクト進捗の管理頻度を増やす。	
	MAN.3 04 プロジェクト計画はマイルストーンと日程だけでなく、プロジェクトの目的と目標から作業成果物の変更内容を分析し、難易度、作業量、担当者の力量に応じて活動の進め方（作業成果物の段階的な詳細化など）を含めた計画を策定する。	・スケジュールだけに関心のある組織のプロジェクト管理活動
価値の流れ (Value Stream)	MAN.3 05 プロジェクト計画の策定には、納期のような日程に関わる情報だけでなく、プロジェクトの目的とQCD 目標、制約事項などの必要な情報をプロジェクトマネージャーがあらかじめ収集する必要がある。そのため、プロジェクト計画に必要な情報が出揃う時期を想定し策定日を計画する。必要な情報の出所関係者に計画した策定日を周知し、策定日までに情報を確実に集められるように働きかける。	・計画に必要な情報が不明確なままでのプロジェクト計画策定
	MAN.3 06 適切なプロジェクト計画を策定するためには、開発に与えられた期間に基づくのではなく、開発を完了させるために最低限必要なアクティビティおよびタスクに基づいて計画を立てる。そのためには、タスクを実施する時間および期間を確実に確保することが重要となるため、利害関係者との事前調整が肝要となる。精度の高い計画を策定するためには、事前調整に要する時間を見積もり、時間を確保した上でプロジェクト計画の策定日を決める。	・開発期間のみに注力したプロジェクト計画立案
	MAN.3 07 適切なプロジェクト計画を策定するためには、計画の中で多くの割合を占める検証活動に対する見積もり精度を上げることが有効となる。見積もり	・必要以上に実施される検証活動 ・一律の作業に基づく検証活動

	精度を上げるために、あらかじめ作業成果物の検証作業に関する事項（検証対象範囲、検証内容、検証順序など）の定義、および検証作業の“MUST”と“WANT”の識別をしておく。必ず実施しなければならない“MUST”項目に基づくクリティカルパスおよび“WANT”項目を含めたクリティカルパスを精度よく導出することで、プロジェクト計画の実現可能性を評価しやすくする。	
	MAN.3 08 プロジェクト活動に必要な標準日程を用いて、出図日またはリリース日からプロジェクト活動に必要な日数を遡ってプロジェクト計画の策定日とキックオフ日を算出できるように日程を定義する。定義した日程から算出したプロジェクト計画の策定日とキックオフ日を確定し、開発関係者に周知することで、プロジェクト活動開始の遅延防止が期待できる。	・プロジェクト計画の曖昧な策定日 ・プロジェクト計画策定の手順不足
	MAN.3 09 プロジェクト計画策定後の大幅なスケジュール変更を避けるために、該当プロジェクトに対して、どの情報が“MUST”なのか、どの情報が“WANT”なのかを識別し、少なくとも“MUST”の情報が明らかになってから、プロジェクト計画を立案する。“MUST”の情報には、遵守しなければならない法規、設計変更のベースラインおよび設備が準備できるタイミング、確保可能な要員工数などが含まれる。	・顧客のタイミングのみで策定した計画
	MAN.3 10 プロジェクト開始時に開発製品に対する社内外の要求を明確にする。次に要求に対処するため、ベースとなる製品から変更するエレメントを分析する。さらに変更するエレメントから影響を受けるエレメントを分析する。変更および影響を受けるエレメントに対処するために実施すべき活動を検討し、プロジェクト計画立案の入力にする。	・不十分な影響分析

流れ (Flow)	MAN.3 11 プロジェクトで実施すべき作業は、プロジェクト目標に基づき、作業範囲を定め、WBS などを用いて作業単位（ワークパッケージ）で定義する。各々の作業単位には、作業の名称／期間／工数／要員／手順／他の作業単位間との関連／関連する組織の窓口／テンプレート／作業成果物／完了基準／承認者など、必要な情報を一括管理する。	・必要な作業単位の過不足 ・作業単位毎に明確にすべき事項の過不足
	MAN.3 12 作業単位で作成される作業成果物のテンプレートが用意されている場合には、古いバージョンのテンプレートを誤用してやり直しになる、あるいは最新のテンプレートを探すのに必要以上に時間を要することがないように、常に最新版（場合によってはプロジェクトで定めた旧バージョン）のテンプレートを作業単位から直接呼び出せるように紐づけて、適切なテンプレートを素早く正確に入手して利用できるようにする。	・作業成果物のテンプレート誤使用 ・作業成果物のテンプレート探索
	MAN.3 13 派生開発のプロジェクトにおいて、プロジェクトの成果物に対する要求内容を理解し、的確なベース車両を選定する。例えば、今回の開発車両に対して変更が少ない車両、諸元（車両の特性および特徴）が近い車両、最新システムを搭載した車両、今後の展開を考慮したシステムを搭載した車両、再利用エレメントが多い車両、などの観点から適切なベース車両を選定する。さらにベース車両からの変更点、変化点（変更によって影響を受ける部位）を明確にして、必要な作業内容、作業工数、担当者の力量などの検討、変更内容の実現可能性の評価、変更の優先順位決定を行う。 ※エレメント：Automotive SPICE® の定義を参照	・要求内容の理解不足 ・日程だけの計画
	MAN.3 14 プロジェクトの進捗状況を把握するための活動実績記録は、定量的な側面と定性的な側面の両方を含むとよい。定量的な側面としては、予実の収集	・プロジェクト状況の記録のバラツキ ・プロジェクト状況の把握不足

	データの正確性を期すために、実績記録の定量的なルール（基準）をプロジェクトおよび／または組織で取り決め、担当者ごとの報告のバラツキを抑えて記録する。定性的な側面としては、文章で作業の状況を伝達することで、プロジェクトマネージャーがプロジェクトの課題に気づきやすくし、問題の早期解決および未然防止に取り組めるように記録する。	
	MAN.3 15 プロジェクト状況の監視活動で乖離（進捗遅れ、コスト増加など）が検出された場合には、その要因分析および計画の見直しを行う。その際、担当者の力量／作業環境／体調／他プロジェクトの兼務作業などの人的リソース面、および納期／やり直し可能な工程などのスケジュール面、当初予算／利益率悪化の許容範囲／調達先の見直しなどのコスト面、コンペチターとの競争力面を考慮する。しかしながら、これらの側面はトレードオフの関係にもあるため、個々の組織で何を優先するかを決めておく。	・計画に対して実績が乖離する際の要因と影響の分析不足
	MAN.3 16 プロジェクト計画策定者の力量不足は、スキル基準を満たしたプロジェクト管理経験者およびプロジェクト担当者とのレビューをとおして補足する。	・計画策定者の力量不足
	MAN.3 17 プロジェクト目標達成の確度を高めるために、目標に対する成果を計測するための重要達成度指標（KPI）を決定する。プロジェクト目標を実現するためには、主要なプロセスを見極めて、重要達成度指標（KPI）からブレークダウンされる主要なプロセス実施目標を決定するとともに詳細なレベルの重要達成度指標（KPI）を導出する。一般に要求は段階的に詳細化されるように、目標も段階的に詳細化すると目標の実現可能性が高まる。また、目標と重要達成度指標の関係については、	・プロジェクト目標達成を阻害するプロジェクト状況の見逃し ・形骸化したプロジェクト監視の指標

	重要達成度指標が目標達成を評価するための検証基準にあたる。例えば、新規顧客に対して信頼を獲得し、今後のビジネス拡大につなげるために、プロジェクト目標を「顧客の信頼を勝ち取る」、プロジェクト目標レベルの重要達成度指標を「出荷後の不具合流出件数ゼロ」とし、プロセス実施目標を「すべての要求を明確に定義する」、プロセス実施目標レベルの重要達成度指標を「要求抽出プロセスにて意図不明な要求数ゼロ」といったように段階的に詳細化する。	
	MAN.3 18 プロジェクトの進行中に、プロジェクト目標レベルおよびプロセス実施目標レベルの重要達成度指標（KPI）を監視し、目標達成が困難と判断した場合には、重点プロセスおよび当初のプロセス実施目標の見直しを検討するなどの対策を早期に講じる。重要達成度指標（KPI）は定量的に観測可能な指標にしておくと、客観的な判断が行いやすくなる。	・プロジェクト目標達成を阻害するプロジェクト状況の見逃し ・形骸化したプロジェクト監視の指標
	MAN.3 19 要求変更または設計変更が必要となる場合、トレーサビリティを用いて変更対象となるエレメントを特定し分析することで、分析結果から実施すべき活動を明確にする。その際、プロジェクト計画の見直しを検討する。	・変更があるにも関わらず、影響分析を実施しない ・初期のプロジェクト計画から見直しをしない
引き込み（Pull）	MAN.3 20 複数のプロジェクトを同時並行で管理するときには、プロジェクトの状況が時々刻々と変化するプロジェクト全体の進捗状況を俯瞰的または部分的に把握できるようにするため、作業単位のステータスを定義（例えば、未着手／進行中／完了）する。作業単位毎のステータスを毎日または毎週といった間隔で自動一括収集にて可視化することで、プロジェクトを跨ぐリソース調整をしやすくする。	・作業単位のステータス未把握 ・作業単位のステータス情報入手遅延
	MAN.3 21 プロジェクトマネージャーは、プロジェクト計画	・変更要求の入手モレまたは／および合意モレ

	を立案するために、利害関係者からの要求の入手日、仕様Fix日、納入日などのスケジュール面、新たに導入する設備などの費用面、社内外のリソース提供者からプロジェクトに割り当てられる要員（人数と力量）およびその要員の割り当て期間などの人的リソース面の情報を入手する。これらに加え、利害関係者からの要求の提供を待つのではなく、能動的に要求概要を先行入手して内容を確認することにより、要求の変更規模および影響を分析することが可能となる。これにより、例えば必要な要員（人数と力量）を見積もり、先行手配することができるため、利害関係者からの要求の実現性の高いプロジェクト計画が策定できる。	・入手した要求の整理不足
	MAN.3 22 プロジェクト計画書とWBSを構成する作業単位の見直しは、各々の見直し頻度とタイミングを最適化して実施する。作業単位に記載する項目はプロジェクトマネージャーの裁量（責任と権限）でカバーできるものも少なくない。そのため、プロジェクト計画書に記載する情報（プロジェクト目標、納期、プロジェクトに資源を提供し支援するスポンサーの要求など）と作業単位に記載する情報（詳細な日程、工数、担当者、作業成果物、完了基準、承認者など）に仕分け、プロジェクトマネージャーの裁量で見直せる部分を明確にし、スポンサーと合意する。これにより、それぞれの記載情報に変更が発生した場合、プロジェクト計画書および／または作業単位の見直しを行うことになるため、頻繁に生じる詳細な情報の変更によってプロジェクト計画書を見直し、スポンサーの承認を得る手続きを回避できる。	・プロジェクト管理工数の肥大化
	MAN.3 23 品質、コスト、スケジュールなどの目標精度が低いままでプロジェクト計画を策定し、粗い頻度でプロジェクト監視活動を実施すると、品質問題、コスト超過、スケジュール遅延をタイムリーに発	・精度の低い計画 ・見積もりの見直し不足

	見することが難しくなるため、やむを得ず精度の低いプロジェクト計画で開始しなければならない場合には、細かい頻度で監視活動を実施する。あるいは、組織および／またはプロジェクトで定量的な計画の見直し基準（例えば、WBS に分解された各々の工程がリカバリー可能な進捗時点で見直しの要否を判断する、各々の工程の予算実行がリカバリー可能な時点で見直しの要否を判断するなど）を決めておき、基準にしたがって計画の見直しを行う。このようにすることで、予実乖離に対する適切な監視活動が実施できるようになる。	
	MAN.3 24 大日程計画から段階的に詳細化された計画またはプロセス毎の計画に対して、タスクの進捗を定期的（例：毎週／隔週）に監視する。具体的には、プロセスのアウトプットとなる作業成果物作成の進捗状況を確認し、あらかじめ合意した判定基準に基づき単純化された３段階程度の指標（例：Green/Yellow/Red）にて可視化して、関係者全員で進捗状況を共有できるようにする。	・計画の実行状況の監視不足
	MAN.3 25 プロジェクト内部で調整できない逸脱（問題）が確認された場合、経営層から早期に問題解決の支援を得るために、嘘偽りのない透明性のあるプロジェクト監視を実現する文化を組織が醸成し、常に正確なプロジェクトの進捗状況を把握する。これにより、プロジェクトマネージャーは、問題発生時に、経営層が客観的に判断できるよう、影響の大きさおよび具体的な支援内容を定量的に示すことで、経営層へプロジェクトの詳細な状況報告を迅速かつ正確に行うことができ、支援を引き出しやすくなる。	・プロジェクトステータスの不正確な情報提供 ・プロジェクトステータスの情報提供の遅延
完璧 （Perfection）	MAN.3 26 作業単位毎に、期間／工数／費用／不具合数など、改善に必要な実績値を記録し、予実の乖離を分析して改善項目を抽出できるようにしておく。改善	・作業単位情報の未活用 ・予実乖離原因の放置

	項目の抽出にあたっては、プロジェクト目標および目標達成のための重要達成度指標（KPI）と関係の深いプロセスおよびアクティビティを識別し、改善を実現するための作業単位に着目して、KPI 値の向上を意識した改善項目とする。	
	MAN.3 27 プロジェクトの作業工数は変更要求の質と量に依存する。したがって、既存エレメント※の変更に要した作業工数を蓄積し、その蓄積データを既存エレメントの属性（部位、複雑度）と担当者の力量を用いて分析することで、次回の既存エレメントに対する変更要求の作業工数見積もり精度を向上させることができる。 ※エレメント：Automotive SPICE® の定義を参照	・要求に対する見積もり分析の力量不足 ・プロジェクトマネージャーの経験不足
	MAN.3 28 プロジェクトの監視および進捗レビューの工数を削減するためには、リアルタイムでプロジェクトの情報（実績工数、日程、不具合など）を効率的に収集することが効果的である。その際、あらかじめプロジェクトで収集する情報をプロジェクト目標に基づいて識別しておき、管理ツールを用いた自動収集を実現する。	・プロジェクト管理工数の肥大化
	MAN.3 29 プロジェクトの振り返り活動では、プロジェクトに携わった全員の声を聞き取る。プロジェクトの目標に対して達成できた点とできなかった点を共有し、それらの点の原因分析にて改善に関する意見および気づきを取集し、次のプロジェクト活動に反映する。また、プロジェクトの目標自体が適切であったかについて検証し、是正事項を次のプロジェクト目標の策定時に反映する。	・プロジェクトの全員が参加していない振り返り活動
	MAN.3 30 プロジェクトでの不具合情報が、SW/HW などの各ドメイン内に留まり、プロジェクトマネージャーに展開されていないとプロジェクトマネー	・プロジェクト内の不具合情報の展開不足

	ジャー視点での再発防止策が検討できなくなる。各ドメインの不具合による過去トラブルの情報はプロジェクト全体で共有する。	
	MAN.3 31 目標に対して振り返りを求めない組織文化は改善の機会を失うため、プロジェクトおよびプロセスの目標に対する振り返り（目標の妥当性、目標と実績の乖離など）をプロジェクトマネージャーが自ら計画して実施し、リーンを推進する組織文化の醸成につなげる。振り返りの方法には、KPT（Keep：次の成功のために継続すべきこと／Problem：改善すべきこと／Try：次の成功のために挑戦すべきこと）などがある。	・形骸化したプロジェクト目標／プロセス目標の設定 ・結果に対して要因を追求しない組織文化
敬意 （Respect for People）	MAN.3 32 プロジェクトに問題が発生したときには、プロジェクトマネージャーだけが問題に向き合うのではなく組織的に対処することが望ましいが、組織的な対処が困難な場合もある。その際には、プロジェクトマネージャーが動揺したり慌てたりするとプロジェクトに悪影響を及ぼすため、プロジェクトマネージャーは落ち着いて対処することを強く意識し、プロジェクトを成功裏に導くために必要なアクション（経営層、社内関係部署、プロジェクト担当者、取引先、顧客などに対するさまざまなアクション）を冷静に識別して問題に適切に対処する。プロジェクトマネージャーは、権限をいたずらに振りかざさず、謙虚な姿勢でプロジェクト担当者に接することが肝要だが、問題が発生したときは自らの言動に注意を払い、プロジェクト担当者が問題を解決するために必要なアクションをサポートし、プロジェクト全体の士気を高めて苦境を打破するように努める。	・プロジェクトマネージャーの横柄な態度による担当者のモチベーション低下
	MAN.3 33 プロジェクトマネージャーは、プロジェクト担当者がドメイン知識を広く深く習得し、プロジェクトに対する要求が作業成果物に影響する範囲の特	・プロジェクトに対するドメイン知識不足および経験不足

	定と必要な変更作業を速やかに分析できる力量を持つための知識の向上および経験の獲得ができるように努める。	
	MAN.3 34 工数見積もりおよび日程計画は、計画の策定者（プロジェクトマネージャーなど）と作業の担当者が合意した上で決定する。プロジェクト監視においても定量的な記録を確認した上で、必要に応じて監視する側と監視される側が直接会話し、状況の共通認識を得る。	・見積もり精度／監視精度の低下 ・プロジェクト担当者のモチベーション低下
	MAN.3 35 組織のめざす姿（製品展開およびそれに必要な技術）と担当者のめざす姿（個々のキャリアプラン）を突き合わせた上で、プロジェクトリソースへの割り当てを行うことで、プロジェクト担当者が望む役割を経験させ、プロジェクトを遂行するための組織力の向上と担当者のやりがい向上につなげる。	・組織の人材育成計画不足 ・担当者キャリア形成のヒアリング不足
	MAN.3 36 自信過剰なプロジェクトマネージャーは、悪い情報に対して威圧的な態度で抑え込んでしまう場合が多いが、結果的には困難な状態を招くため、悪い情報ほど早く知るべきである。日頃からプロジェクト担当者とのコミュニケーションを密にとり、悪い情報を入れてくれたプロジェクト担当者を威圧することなく、感謝の気持ちをもって対応する。	・プロジェクトマネージャーの威圧による、担当者からの情報エスカレーション不全
	MAN.3 37 プロジェクトマネージャーにプロジェクト遂行のための充分な権限が与えられなければ、プロジェクトマネージャーとして意思決定および業務指示ができず、プロジェクト担当者がプロジェクトマネージャーに敬意を払わなくなり、プロジェクト管理が機能不全になる。それを回避するため、組織（経営層）はプロジェクトマネージャーに充分な権限を与えるとともにプロジェクトマネー	・プロジェクトマネージャーのモチベーション低下

	ジャーが責務を全うできるよう支援する。	
	MAN.3 38 経験が浅いまたはスキル基準を満たしていないプロジェクトマネージャーによる計画および監視の項目については、計画作成段階で知見者を交えたレビューを繰り返し、プロジェクト目的達成の精度が高まる計画を策定できるように支援する。	・過不足のある品質計画 ・過剰なコスト計画 ・間に合わない納入計画

5.2　ACQ.4 の LEfAS

ACQ4 プロセスの価値は次のとおりである。

プロセスの価値：プロジェクト制約の下で、サプライヤーとの合意事項達成のための予測、監視、コントロールを実施することで、期待する結果を確実に得る。

Automotive SPICE® のプロセス参照モデルを適用する際に Lean Thinking の側面を補足するため、ACQ.4 プロセスの目的（Automotive SPICE® の定義を参照）およびプロセスの価値に基づき、ACQ.4 の LEfAS を表 4-2 の 6 分類項目に従い表 5-3 に記述する。

表 5-3　ACQ.4 プロセスの LEfAS

分類名称	Lean Enabler	ムダを誘発する要因
価値 (Value)	ACQ.4 01 発注者とサプライヤーとの間の合意事項を実施する前に、合意事項の理解に齟齬が生じないよう契約にて合意した内容に基づき、活動を実施する双方の実務担当者で読み合わせを行う。これにより、合意事項に基づき、サプライヤーが発注者の期待を満たすためのサプライヤー活動（状況把握および評価）が相互理解の下で実施され、期待される作業成果物の納入確度が高まる。	・合意事項の認識不足または合意者間の齟齬
	ACQ.4 02 発注者とサプライヤーが契約合意に基づき、要求内容を満たす作業成果物を納入日に受け取ることを確実にするため、発注者とサプライヤーが合意すべき共同活動（情報交換方法、進捗報告方法、依頼内容検証方法、是正方法、作業成果物受領方法など）を明文化し合意する。合意文書の変更が必要な場合には、必要性を認識した側から速やかに相手側窓口に申し出をおこない、2社間協業の成果が全体最適となるように合意する。	・発注側またはサプライヤー側の部分最適に基づく合意
価値の流れ (Value Stream)	ACQ.4 03 発注者とサプライヤーとの間の管理的側面と技術的側面の共同レビュー計画は、サプライヤー評価の結果および／またはサプライヤーとの過去の取	・過剰なレビューの実施 ・2社間コミュニケーションの過不足

	引実績などを鑑み、過不足のないレビュー頻度を計画し合意する。	
	ACQ.4 04 発注者からサプライヤーへの依頼事項（共同プロセスでの実施内容など）のみでなく、発注者が実施すべき調達活動（情報提供、共同レビュー、受入検査など）をプロジェクトの計画に組み込むことで、サプライヤー活動が計画どおりに進みやすくなり、要求内容を満たす作業成果物を納入日に受け取れる確度が高まる。	・サプライヤー監視プロセスの計画不足 ・サプライヤーから調達するために必要な手順の理解不足
	ACQ.4 05 発注者とサプライヤーとの間の計画合意およびその見直しは、お互いに自らの都合を主張するのではなく、プロジェクトの制約内で最終顧客の価値を最大化することを優先し、QCD 面でお互いに納得できるように合意形成する。	・納得感のない合意 ・一方の利己に基づく合意
流れ (Flow)	ACQ.4 06 Tier1 サプライヤーと Tier2 サプライヤーとの間のコミュニケーションコストを低減するために、完成車メーカーから提供される情報を完成車メーカーとの契約に基づく開示範囲内で Tier1 サプライヤーから Tier2 サプライヤーに提供する。そのために、Tier1 サプライヤーは完成車メーカーから開示される情報を Tier2 サプライヤーへ開示する範囲を明確にし、協力と理解を得るよう完成車メーカーと交渉する。	・完成車メーカーから提供される情報伝達の停滞、遅延
	ACQ.4 07 発注者とサプライヤーとの間の連絡窓口で情報が滞留するムダを排除するために、プロジェクトの進捗に影響を及ぼす情報をやり取りする場合には、発信者側の窓口がどの情報をいつ展開したかを両者の共有媒体（サーバー、エクセルシートなど）に情報伝達履歴として記録し、受信側の関係者にその履歴を公開することで受信側の窓口が情報を滞留させるリスクを低減する。	・窓口間での情報の滞留

	ACQ.4 08 発注者とサプライヤーとの間で事前に合意された情報交換方法または進捗確認方法を逸脱し、進捗確認のための報告を日々求めることは、コミュニケーションコストの増加をもたらし、開発進捗の遅延につながることもある。そのため、是正または問題解決のためにコミュニケーションを増やす必要性およびコミュニケーション方法を双方のマネジメント層で協議し、合意した方法で実行する。	・過度なコミュニケーション
引き込み (Pull)	ACQ.4 09 発注者が期待する設計をサプライヤーに実施してもらうために、発注者は納入品が実際にどのように使われるかをサプライヤーに提示する。これにより、要求の中で厳密に設計してもらいたい部位と設計に自由度のある部位を明確に識別し、品質、コストおよび納期の最適なバランスを図った設計を実現してもらう。	・要求の重要度の理解不足 ・自由度の無い設計依頼
	ACQ.4 10 発注者は試作品と量産品の各々について、目標レベル、項目の重み付け（自動車機能安全の ASIL、特殊特性など）を明確にした定義書をサプライヤーと交わし、その達成状況、実装状況を監視する。	・契約締結後の進捗状況監視不足
	ACQ.4 11 発注者は自社とサプライヤーの開発状況の関連を定期的に監視し、サプライヤーの進捗状況が思わしくなければ、サプライヤーへ依頼した要求を自社の中に取り込む、あるいは自社の状況がよくなければ、サプライヤーに依頼するものがないかを検討し、必要に応じて調整する。	・依頼内容および責任を一方的に押し付ける体質
	ACQ.4 12 発注者とサプライヤーとの共同レビューにて、サプライヤーは製品および／またはサービスがどのような目的でどのように使用されるかを理解した上で、顕在的な要求のみでなく、潜在的な要求を抽出する。発注者が定義した要求の中で妥当性が	・潜在的な要求の検討不足 ・潜在的な要求を検討する力量不足

	確認できていない要求は、使用目的に整合しているかを発注者とサプライヤーが合同で早期に妥当性確認（Early Validation）を行う。	
完璧 （Perfection）	ACQ.4 13 発注者はサプライヤーへの発注要求が達成できるように、サプライヤーのプロジェクト計画の実現可能性を評価する。さらにサプライヤーの開発状況を発注側のプロジェクト計画と照らし合わせて定期的に監視し、遅延するまたは遅延が予想される場合には、双方の是正処置を行う。是正措置は教訓として双方のプロセス改善につなげる。	・計画に対する活動の監視不足 ・未成熟なサプライヤーのプロセス
	ACQ.4 14 発注者はサプライヤーと合同で、プロジェクト完了時に発注者の主導にてサプライヤーとの間の実施活動および授受作業成果物を時系列に整理する。時系列に整理することで問題点の因果関係が明確になり、プロセス改善の着眼点を見出すことができる。	・プロジェクト完了時の活動結果の整理不足 ・発注者とサプライヤーの協力によるプロセス改善活動の不足
敬意 （Respect for People）	ACQ.4 15 発注者はサプライヤーが問題を隠すことなく報告できる風通しのよい関係づくりに気を配り、双方が積極的にコミュニケーションを図る環境づくりをプロジェクトマネージャーが進めることで、問題解決のための最善の協力活動につなげる。	・サプライヤーとのコミュニケーション不足 ・問題をマイナス面だけで捉える文化
	ACQ.4 16 発注者とサプライヤーが共同で新技術開発または品質改善を行うことを合意して実施すると、共通課題に一緒に取り組み解決した体験および経験を共有でき、お互いの信頼関係が深まる。２社間の信頼関係の強化は、以降の共同活動を円滑に進めるのに役立つ。	・コミュニケーションの力量不足 ・サプライヤーへの不信感

5.3　SYS.1 の LEfAS

SYS.1 プロセスの価値は次のとおりである。

プロセスの価値：製品および／またはサービスのライフサイクルを通じて変化する主要な利害関係者のニーズおよび要求を過不足なく的確に捉え、ニーズおよび要求を満たすことで利害関係者の期待に応える。

Automotive SPICE® のプロセス参照モデルを適用する際に Lean Thinking の側面を補足するため、SYS.1 プロセスの目的（Automotive SPICE® の定義を参照）およびプロセスの価値に基づき、SYS.1 の LEfAS を表 4-2 の 6 分類項目に従い表 5-4 に記述する。

表 5-4　SYS.1 プロセスの LEfAS

分類名称	Lean Enabler	ムダを誘発する要因
価値 (Value)	SYS.1 01 製品および／またはサービスの運用ステージだけでなく、システムライフサイクル全般（コンセプト／開発／生産／運用／保守／廃棄といったすべてのステージ）に亘って、開発の起点となる重要な利害関係者のニーズおよび要求（期待）を利害関係者要求（最上位の要求）として、その背景（なぜ重要かつ必要なのか）とともに、注意深く、丁寧に、不足なく引き出し、重要性（大きな影響力をもつ利害関係者のニーズおよび要求）と必要性（提供する製品および／またはサービスの価値を高める利害関係者のニーズおよび要求）の度合いに応じて分類する。	・実装すべき利害関係者要求の過不足 ・要求の分析不足（重み付け、優先順位）
	SYS.1 02 製品および／またはサービスの価値を強く特徴づける利害関係者要求（重要性と必要性の度合いが高いニーズおよび要求）に基づき、相反する利害関係者要求を整理（統合、削減など）する。	・実装すべき利害関係者要求の過不足 ・要求の分析不足（重み付け、優先順位）
	SYS.1 03 利害関係者要求の実現にむけたトレードオフ分析に用いる効果指標※（美観、性能、安全、セキュリティ、生産コスト、運搬コスト、修理時間など）を製品および／またはサービスに対して適切に設	・実装すべき利害関係者要求の過不足 ・利害関係者とのコンタクト遅延 ・利害関係者とのコンタ

	定する。 ※効果指標：製品および／またはサービスの利害関係者が、開発活動のゴールを共通認識し達成するためのモノサシ	クト不足
	SYS.1 04 プロジェクトのQCD目標達成および利害関係者要求実現のため、効果指標に基づいたトレードオフ分析を考慮した上で利害関係者要求を次工程の作業開始までに定義する。	・実装すべき利害関係者要求の過不足 ・トレードオフの考慮不足
	SYS.1 05 利害関係者要求には、顕在化している要求だけでなく、利害関係者自身が認識できていない潜在化した要求があるため、潜在化している要求にも留意する。例えば、今後施行される法規制による制約条件、性能限界などの要求が考えられる。それらを早い段階で利害関係者要求として定義できるように調査する。	・情報入手不足 ・利害関係者のニーズおよび要求の理解不足
価値の流れ（Value Stream）	SYS.1 06 利害関係者要求定義の遅延によるプロジェクトのQCDへの影響を回避するため、システム要求を分析し定義するSYS.2領域の工程の開始までに、定義した利害関係者要求をプロジェクトに影響を及ぼす重要な利害関係者と合意するための計画を策定する。	・主な（重要な）利害関係者の識別不備 ・不完全な（曖昧および／または不足した）利害関係者要求定義の計画
	SYS.1 07 利害関係者要求の変更によるプロジェクトのQCDへの影響を回避するため、変更（追加、削除を含む）可能なデッドラインを重要な利害関係者とあらかじめ合意し文書化する。	・利害関係者要求の納期間際の変更
	SYS.1 08 利害関係者要求定義の遅延によるプロジェクトのQCDへの影響を回避するため、システム要求を分析し定義するSYS.2領域の工程にベースライン化した利害関係者要求一式を引き渡す方法、頻度およびタイミングをあらかじめプロジェクトで合意する。	・不完全な（曖昧および／または不足した）利害関係者要求定義の計画

流れ (Flow)	SYS.1 09 利害関係者要求の正確性および一貫性を確保するために、利害関係者のニーズおよび要求を単一の利害関係者要求として文書化し、単一要求内の曖昧な部分および他の単一要求との不整合部分を識別して利害関係者に確認する。利害関係者からのフィードバックに基づき利害関係者要求を是正する。	・利害関係者とのコンタクト不足 ・利害関係者のニーズおよび要求の分析不足 ・実装すべき利害関係者要求の過不足
	SYS.1 10 複数の利害関係者のニーズおよび要求間に矛盾がある場合には、定義する利害関係者要求間の矛盾を解消するために利害関係者間のニーズと要求を調整する。	・利害関係者のニーズおよび要求の分析不足 ・実装すべき利害関係者要求の過不足
	SYS.1 11 利害関係者の意図する（期待する）製品および／またはサービスが持つべき機能性は、システム要求を定義する担当者が利害関係者要求からシステム要求に洗練させることができる粒度で利害関係者要求を定義する。 ※利害関係者要求の定義は、[条件] [主語（主体）] [目的語（対象）] [動作または制約] [値] を含み、肯定文および能動態を用いるなど、ISO/IEC/IEEE 29148（JIS X 0166：システム及びソフトウェア工学ーライフサイクルプロセスー要求事項エンジニアリング）の要求事項の構成が参考になる	・システム要求定義工程からの差戻し
	SYS.1 12 文書化された利害関係者要求が、利害関係者のニーズおよび要求を真に満たすものになっているかを利害関係者に確認する。	・実装すべき利害関係者要求の過不足
	SYS.1 13 製品および／またはサービスが市場にリリースされた時点で、すでに市場競争力を失っていることのない利害関係者要求を可能な限り定義するために、利害関係者要求の変更ステータスを管理して、最終ユーザーのニーズおよび要求の変化、市場動向変化を継続的に監視し、製品および／またはサービスへの影響を分析して、利害関係者要求の変更可否を判断する。	・製品および／またはサービスが市場ニーズと不一致 ・利害関係者とのコンタクト不足 ・最終ユーザーのニーズおよび市場動向の調査不足

	SYS.1 14 利害関係者要求の定義につながる「利害関係者のニーズおよび要求」「プロジェクトの QCD 目標」「定義した利害関係者要求」の３つの間のトレーサビリティを確立し、影響分析およびリスク評価に役立てる。	・利害関係者要求の変更モレ ・利害関係者のニーズおよび要求の分析不足
引き込み (Pull)	SYS.1 15 セイリエンスモデルなどを用いて、利害関係者がプロジェクトに対して持つ、権力（自分の意思を通す力）、正当性（参加の妥当性）、緊急性（直ちに対処する必要性）に関連する重要な人物を識別し、製品および／またはサービスが提供する価値に対する利害関係者のニーズおよび要求を収集すべき重要な利害関係者を特定する。	・利害関係者に対する誤った重み付け ・実装すべき利害関係者要求の過不足
	SYS.1 16 SYS.1 領域と SYS.2 領域の工程関係者の合意によって決められた利害関係者要求の受け渡し期日までに、授受記録が残る授受しやすい方法で、利害関係者要求一式をシステム要求分析工程に引き渡せるように開発環境を用意する。	・実装すべき利害関係者要求の過不足 ・開発環境の整備不足
完璧 (Perfection)	SYS.1 17 利害関係者のニーズおよび要求は時間の経過とともに変化することが多い。利害関係者から情報を引き出す機会は１度に限定することなく、利害関係者要求をベースライン化する期日が来るまでの期間、適度な（例：週に１度）頻度で変化がないかを確認する。	・収集した情報に変化がないとの思い込み ・最終ユーザーのニーズおよび市場動向の調査不足
敬意 (Respect for People)	SYS.1 18 定義した利害関係者要求について、利害関係者の合意を得るため、プロジェクトで実装する利害関係者要求の採否理由を明確にし、利害関係者が納得するように丁寧に説明する。	・未実施あるいは不十分な利害関係者への説明 ・利害関係者とのコミュニケーション不足
	SYS.1 19 利害関係者のニーズおよび要求を効果的かつ効率的に抽出する力量を獲得するために、担当者と相談して担当者の自己成長意欲を尊重した育成計画を作成し実施する。	・担当者の活動意欲（モチベーション）低下

5.4　SYS.2 の LEfAS

SYS.2 プロセスの価値は次のとおりである。

プロセスの価値：自社の強みを活かした製品展開戦略を実現するための持続可能なシステム基盤が構築できるように、利害関係者から得られた要求に基づくシステム要求を多面的な視点で捉え、システムの潜在的な要求を含めて分析することで、過不足のないシステム要求を定義する。

Automotive SPICE® のプロセス参照モデルを適用する際に Lean Thinking の側面を補足するため、SYS.2 プロセスの目的（Automotive SPICE® の定義を参照）およびプロセスの価値に基づき、SYS.2 の LEfAS を表 4-2 の 6 分類項目に従い表 5-5 に記述する。

表 5-5　SYS.2 プロセスの LEfAS

分類名称	Lean Enabler	ムダを誘発する要因
価値 (Value)	SYS.2 01 システム要求を系統立てて管理できるように、利害関係者要求とシステム要求の双方向トレーサビリティを確保し、レビューステータス、要求の出元（顧客要求、社内要求）、品質特性（安全性、セキュリティ）などの要因に基づいてシステム要求に属性を付ける。	・要求管理のための情報不足
	SYS.2 02 プロジェクトの開始時に、変更するシステム要求の影響分析を行ない、影響分析の結果から関連するすべての既存の作業成果物に対する影響の大きさを正しく見積もる。直接的に影響する変更点（意図した変更点）だけでなく、間接的に影響する変更点（直接的な変更に伴って連鎖的に変化する点）に注意する。	・変更に対する影響分析不足
	SYS.2 03 利害関係者要求からシステム要求を定義するだけでなく、対象となる製品および／またはサービスのすべてのシステムライフサイクル（コンセプト／開発／生産／運用／保守／廃棄といったすべて	・製品ライフサイクルの考慮不足

	のステージ）の利害関係者を想定し、不足しているシステム要求を定義する。	
	SYS.2 04 製品および／またはサービスに期待される品質を担保するための安全性、信頼性など、品質特性に関する要求の他、法規および認証などの要求を認識するため、それぞれのシステム要求に属性および重み付け（自動車機能安全の ASIL、特殊特性など）を付加してアーキテクチャ設計に引き渡す。	・システム要求の分析不足
	SYS.2 05 システム階層が必ずしも 1 つである必要はないため、システム要求を詳細化する際には、製品および／またはサービスの規模と複雑度などの背景に合わせて階層の数を定義する。システム階層の機能を定義する際には、アーキテクチャ設計の構成要素の粒度が均一となるようにシステム要求を定義する。	・不揃いの要求粒度
価値の流れ（Value Stream）	SYS.2 06 新規の利害関係者からは新たな要求の追加が多いため、要求の妥当性を早期に確認（Early Validation）し、要求を段階的に実装する。	・追加要求に対する不十分な再計画 ・要求の重み付け不足 ・要求の影響分析不足 ・計画変更時の計画改版未実施
	SYS.2 07 新たに追加したシステム要求の実現可能性を目標コスト、スケジュール、および技術的な側面で評価し、リスクを識別する。その後、開発中に重要度の高いリスクが顕在化する傾向を監視するために、開発中の品質ゲートなどの大きなマイルストーン時にシステム要求のリスクを再評価し、リスク処置基準値に照らしてリスクに対処する。	・追加要求に対する不十分な計画 ・要求の重み付け不足
	SYS.2 08 システム要求が有する完全性および検証可能性の価値は SYS.3 領域の工程だけでなく、システム要求を検証する SYS.5 領域の工程、さらには SWE.1 領域の工程にまで波及するため、これらの関係する工程のエンジニアがシステム要求分析	・要求の解釈間違い ・後工程に必要な情報提供不足

	に参加できるようにコミュニケーション計画の一部として計画する。	
	SYS.2 09 顧客の開発戦略（例えば、対象とする製品および／またはサービスの開発課題とその新規性を考慮した実装の優先順位）に合わせてシステム要求の実装戦略を明確にし、顧客と合意して実装戦略を関係者に伝達する。	・形式的な開発計画 ・顧客指向の欠如
	SYS.2 10 納期からの逆算で、残った期間を単にシステム要求分析の作業単位（ワークパッケージ）に割り当ててシステム要求分析を行うと、システム要求に過不足が生じることがある。これを回避し、利害関係者要求を十分に理解して過不足のないシステム要求を定義するために、システム要求分析プロセスに必要な工数と期間を見積もり確保する。	・要求工学の理解不足
流れ (Flow)	SYS.2 11 システム要求には背景および目的により、機能／非機能の分類、意図機能／機能安全／サイバーセキュリティなどの分類があるので、それぞれのシステム要求を識別子で区別して、要求の意味付けを識別しやすくする。	・要求の取り違い ・後工程に必要な情報提供不足
	SYS.2 12 利害関係者要求からシステム要求を定義する際、システム要求の内容を顧客および／または関係する工程のエンジニアとの合同レビューを定めて実施する。	・担当部門のみでのレビュー
	SYS.2 13 情報共有は、顧客および関係部門とのコミュニケーションルール（実施頻度、指摘事項と残課題の管理方法など）を定めて実施する。	・顧客とのコミュニケーション不足
	SYS.2 14 システム要求に関する顧客および関係部門との合同レビュー実施の際に、システム要求に対する指摘事項に ID を付与し、システム要求と指摘事項のトレーサビリティを確保し、プロジェクト全体	・レビュー指摘事項の放置 ・レビュー指摘事項の曖昧な記録

	の管理ツールに指摘事項を登録して、指摘事項がクローズするまでプロジェクトで監視する。指摘事項は顧客および関係部門と合意してクローズする。	
	SYS.2 15 システム要求の変更内容を下位の要求（サブシステム要求、ハードウェア要求、ソフトウェア要求）および検証要求に適切に反映させるためには、これらの要求とシステム要求に関するトレーサビリティを確保し、システム要求に対するレビューおよびテストの実施状況を情報（ステータスモデルなど）としてシステム要求に関連付ける。これにより、システム要求の担当者がシステム要求の実装状況と検証状況を把握することができ、システム要求修正のためのイテレーションおよびリカージョンの対応に備えることができる。	・トレーサビリティの不備 ・要求全般にIDが付与されていない
	SYS.2 16 利害関係者要求からシステムおよび／またはサービスに必要となるシステム要求を過不足なく適切に定義するのは簡単なことではない。開発対象のシステムおよび／またはサービスと関係を持つ外部システムおよび利害関係者との関係を構造図（SysMLのブロック定義図、内部ブロック図など）および振る舞い図（SysMLのユースケース図、シーケンス図、アクティビティ図など）を記述し、相互接続（インターコネクション）および相互作用（インタラクション）を分析することで、システムおよび／またはサービスに必要となるシステム要求を導出することができる。さらにこれらの図を用いて構造面および振る舞い面にてシステム要求を分析することで、コスト、スケジュール、技術の検討がしやすくなる。システム要求を導出する際に記述したこれらの図は、アーキテクチャ設計のインプットにできる。 ※システム要求の定義は、［条件］［主語（主体）］［目的語（対象）］［動作または制約］［値］を含み、	・上位要求からの分解だけに頼ったシステム要求定義

	肯定文および能動態を用いるなど、ISO/IEC/IEEE 29148（JIS X 0166：システム及びソフトウェア工学ーライフサイクルプロセスー要求事項エンジニアリング）の要求事項の構成が参考になる	
引き込み (Pull)	SYS.2 17 品質向上のためにシステム要求のリリース前に後工程の担当者とのシステム要求レビューを設定し､定義されたシステム要求にコスト､スケジュールおよび技術的な不備がないかのフィードバックを得てシステム要求に反映する。	・検討が不十分、または不適切なシステム要求
	SYS.2 18 システム要求をカプセル化して他のシステム要求への依存関係（結合度）を小さくした上でシステム要求間の依存性を明らかにし、新規性の高いシステム要求を早期にシミュレーション開始するなど、検証のイテレーションを小さく回すことで次工程で問題が発生するリスクを小さくする。	・開発終盤に集中する評価 ・開発終盤に発見されるシステム要求のミス
完璧 (Perfection)	SYS.2 19 システム要求の分析および定義に関する最新の開発手法および、ツールに関しての動向を調査するため、定期的に社外の活動に参加してシステム要求定義のプロセス改善に役立つ情報を入手する。	・最先端の技術（State of the art）手法およびツール動向の未調査 ・プロセス改善軽視の文化および風土
	SYS.2 20 システム要求分析プロセスの改善の際には、当該プロセスの担当者だけでなく、当該プロセスの関連プロセス（SYS.1/SYS.3/SYS.5 など）の担当者にも説明して改善内容を共有し、関連プロセスの担当者にとっても有益な改善となっているかを確認し、フィードバックを通じてさらなる改善サイクルを回す。	・コミュニケーション不足 ・情報の未伝達
敬意 (Respect for People)	SYS.2 21 開発初期のシステム要求には不確定要素が多く、要求化しても、やり直しになる場合が多い。担当者のやり直し（失敗）を責めず、まずはプロセスの問題点に目を向けて、問題点があればその不備	・担当者の成果に対する敬意不足 ・他人の失敗を責め、自らを律しない文化

	を直して効果的な再発防止につなげるという文化を醸成する。	・失敗から学ぼうとしない文化
	SYS.2 22 システム要求のベースラインは、納期前の一定期間で闇雲に引くのではなく、納期に間に合う日程（後工程に要する日程）を調整し、後工程に配慮した期日でベースラインを引く。	・ベースライン管理の未実施 ・不適切なベースライン管理
	SYS.2 23 システム要求分析でとくに重要な「要求に関するトレーサビリティ確保」と「要求レビュー」のプロセス実施教育を担当者に行う。	・要求工学の理解不足
	SYS.2 24 システム要求を分析し定義する行為は、個人の領域または自部門だけの権限と思わず、よりよいシステム要求を定義するために関係者から広く意見を求め、意見を集約できるような開発環境を整える。例えば、システム要求定義の進捗状況（各要求のステータスおよびトレース設定状況など）を開発関係者が確認できるように管理用ツールを構築し、必要に応じてさまざまな工程の担当者からシステム要求に対するコメントを吸いあげられるようにする。	・プロセスではなく、特定の人の権限で工程完了が決まる組織
	SYS.2 25 利害関係者の思いを引き出すために、利害関係者の説明を謙虚な姿勢で最後まで聞き、利害関係者の意図、利害関係者との合意事項、および技術的視点に基づいたシステム要求を定義して、利害関係者との合意を導き出す。	・技術的視点ではなく、声の大きさで決まるシステム要求

5.5　SYS.3 の LEfAS

SYS.3 プロセスの価値は次のとおりである。

プロセスの価値：アーキテクチャの利用コンセプト（アーキテクチャのライフサイクルなど）を明確にし、利害関係者の関心事およびシステム利用の目的に合致した設計解を導出および設計意図を利害関係者に正確に伝達するためのシステムアーキテクチャを記述する。

Automotive SPICE® のプロセス参照モデルを適用する際に Lean Thinking の側面を補足するため、SYS.3 プロセスの目的（Automotive SPICE® の定義を参照）およびプロセスの価値に基づき、SYS.3 の LEfAS を表 4-2 の 6 分類項目に従い表 5-6 に記述する。

表 5-6　SYS.3 プロセスの LEfAS

分類名称	Lean Enabler	ムダを誘発する要因
価値 (Value)	SYS.3 01 システム要求に対して、プロジェクトの制約およびコンセプトに基づき、期待されるプロジェクトの QCD を満たし、技術的に実現可能な設計解を得るために、必要な専門分野のエンジニア（ドメイン技術／要求／検証／安全／セキュリティ／VA および VE などの専門分野のエンジニア）を選定して招集し、システム要求に対する適切な設計解を決定するプロセスを定義して実施し、設計解を決定する。	・設計対象に対する知識不足
	SYS.3 02 アーキテクトは、プロジェクト目標およびプロジェクト情報からアーキテクチャの設計方針に必要な情報を抽出し、求められる製品および／またはサービスの品質特性に対するアーキテクチャの設計方針をプロジェクト計画書および設計ガイドラインなどの開発ドキュメントに記述することで、システムアーキテクチャ設計に関するチーム内の共通理解を促し、評価基準として活用する。	・評価基準がなく決定される設計解
	SYS.3 03 テストの信頼性と効率性を上げるために、設計の初期段階からテストを担うエンジニアが参加して	・検証容易性についての認識不足

	システムアーキテクチャのレビューを実施し、フィードバックを得ることで検証容易性（テスタビリティ）を考慮したアーキテクチャ設計を行う。	
	SYS.3 04 設計に唯一の正解はないため、エゴまたは選り好みで設計解を決定するのではなく、利害関係者で協議し合意された評価基準に基づいて、期待される QCD を満たし、技術的に実現可能な設計解を選定する。	・設計評価基準の不備
価値の流れ（Value Stream）	SYS.3 05 アーキテクトおよびプロジェクトマネージャーは、システムアーキテクチャ設計の実現可能性を見極めるために、開発の早い段階でシステムの構造と振る舞いの実現可能性の評価を計画し、実現可能性の評価に必要な作業工数を見積もる。	・実装後の検証と妥当性確認に頼った開発
	SYS.3 06 アーキテクトおよびプロジェクトマネージャーは、発注者の期待値を満たす開発ゴールを明確にするために、設計案の共同レビューを開発スタート後の早い段階に計画する。その際、発注者がシステムコンセプトを理解しやすいプロトタイプ、シミュレーションおよびデモンストレーションなどの方法による設計案の提示およびトレードオフ情報の提示を心掛ける。	・発注者の期待値の理解不足
	SYS.3 07 システム要求に対するシステムアーキテクチャ設計のトレーサビリティ情報を用いた一貫性、完全性および正確性の検証を、システム要求実装後の SYS.4 領域と SYS.5 領域の工程に頼らず SYS.3 領域の工程でのインスペクション、シミュレーションおよびアナリシスによって、システムアーキテクチャ設計の一貫性、完全性および正確性を評価する計画を立案し実行する。	・実装後の検証と妥当性確認に頼った開発
流れ（Flow）	SYS.3 08 アーキテクトはシステムアーキテクチャに求められるシステムライフサイクルを意識し、設計によって提供される価値と設計にかかる工数とのバ	・後々使用されることのない過剰な設計

	ランスを考えてシステムアーキテクチャ設計の目標を立てる。例えば、機能拡張しながら長いシステムライフサイクルで利用されるシステムに対して、派生開発でのさまざまな車種バリアントのシステムアーキテクチャ設計工数を最小化するために、拡張性と保守性を考慮したシステムアーキテクチャ設計となるよう作り込みに時間をかける。これにより、以降の派生開発を効率的に行うことができる。	
	SYS.3 09 アーキテクトおよびプロダクトオーナーは、トレードオフ問題が解消され、ムダ・ムラ・ムリのないバランスの取れた設計解が採択できるようにシステムアーキテクチャの評価基準を準備し、利害関係者間で評価基準を合意する。例えば、「期限厳守が求められるプロジェクトは変更箇所が少ないこと」、「安全クリティカル製品に経験のない新規技術が採用されていないこと」などを評価基準として用意する。	・システムの設計解に対する評価基準の欠落 ・評価基準に基づかず主観による意思決定
	SYS.3 10 システムアーキテクチャの可視化と検証にモデリングツールを使用する場合には、複数の図で用いる情報の一貫性が確保でき、検証できるツールを選択する。ツールの機能不足で設計情報間の一貫性が確保できない場合には、ツールの運用ルールを設定することでツールの機能不足を補う。例えば、システムの振る舞いを定義した図でシステムの構成要素が担う役割の範囲を意味するもの（SysML：アクティビティ図のスイムレーンなど）と、システムの構造を定義した図でシステムの構成要素を意味するもの（ブロックなど）が一貫していないと辻褄が合わなくなり、遅かれ早かれ修正することになる。	・設計情報の一貫性未確保
	SYS.3 11 全体のシステムアーキテクチャから段階的な各詳細化レベルの構成要素に至るまで、設計を担う複数のエンジニアによるアーキテクチャ設計を可能	・保守性が悪いシステムアーキテクチャ設計書

	とするため、システムアーキテクチャ設計書の章構成および文書を「階層」「機能分類」「アーキテクチャ構成要素の振る舞いと構造の記述」などに区分けすることにより、設計範囲と内容が理解しやすくなる。	
	SYS.3 12 アーキテクチャ上で要求を管理するための方法（例えば、アーキテクチャと要求をリンクする方法、アーキテクチャの構成要素にどの要求を配置するのか、どのリポジトリを使い、レビュー記録はどこに保管するのか、などの手順）を決め、利害関係者と合意する。これにより、システム要求の実装モレによる手戻りの発生を防ぐ。	・要求の実装モレ
	SYS.3 13 他システムとの相互作用を持つ自システムが情報の授受にてシステムの責務を果たす際、システム間で授受される通信データの定義が曖昧であると不具合が生じる。システムの通常状態はもとより、初期状態および異常状態についてもモレなく状態として抽出し、自システムの状態と他システムの状態とのすべての組み合わせの相互作用を明確にする必要がある。そのために、自システムと他システムとの間の動的な振る舞いをアーキテクチャとして記述し相互作用を分析する。分析をとおして定義された状態を考慮して相互作用に用いられるインタフェース定義を明確に行う。双方の開発を担うエンジニア間でシステム間の相互作用に用いられるインタフェースについての共通理解をもつ。	・曖昧な、または定義されていないインタフェースおよび動作状態の定義
引き込み（Pull）	SYS.3 14 設計を進めることで把握できる利害関係者要求およびシステム要求（例えば、生産工程からの時間制約および生産技術の制約など）の識別に役立つように SYS.1 領域の工程および SYS.2 領域の工程と並行して Design for X（例えば、Design for Manufactuttng）を意識したシステムアーキテクチャ設計を行うことで、気づけなかったシステム要求の分析に貢献する。	・要求の識別不足（例えば生産容易性に関するシステム要求が開発後期で顕在化する）

	SYS.3 15 アーキテクトは次工程を担当するエンジニアが必要とするシステムアーキテクチャ設計情報を把握し、システムアーキテクチャ設計書に情報を適切に反映する。さらにアーキテクトは次工程を担当するエンジニアが必要とする設計意図と設計情報をシステムアーキテクチャ設計書の中から容易に把握できる工夫を行う。例えば、アーキテクトはアーキテクチャの構成要素に配置されたシステム要求、および関連する構成要素間の相互作用の情報を容易に抽出できるように工夫する。	・次工程に正確に伝わらないシステムアーキテクチャ設計情報
	SYS.3 16 定義されたシステム要求間およびシステム要求とドメインの設計制約との間のトレードオフを考慮し、全体最適となるような設計解を選択してシステムアーキテクチャ※を定義し、システムアーキテクチャの構成要素に対してシステム要求の割り当てを行う。例えば、短期間納入、コストダウン要請、といった非機能要求が提示されたプロジェクトでは、実績のない新規の部品または新技術の投入は未知の問題が発生する可能性が高く、結果として日程遅延または開発コスト超過をまねくリスクが高い。そのため、実績のある部品または既存の技術が選定されるように、システムアーキテクチャ設計およびシステムアーキテクチャの構成要素に対して非機能要求の割り当てを行う。 ※アーキテクチャの定義は、ISO/IEC/IEEE 42010（システムおよびソフトウェアエンジニアリングーアーキテクチャ記述）のアーキテクチャ記述の概念モデルが参考になる	・設計トレードオフの考慮不足
完璧 (Perfection)	SYS.3 17 ベースとするシステムアーキテクチャの設計思想（概念、意図）を十分に理解し、最小限の修正で最大限の開発効果が得られるアーキテクチャの変更を行う。そのためには、メインアーキテクトの力量が属人化しないように、設計思想を伝承でき	・設計対象に対する知識不足 ・設計思想の考慮不足

	る設計ガイドを準備する。	
	SYS.3 18 再利用可能なシステムアーキテクチャは生産性を向上する価値を生むため、システムコンフィグレーションによって実装可否が選択可能なシステムアーキテクチャを設計する。例えば、構成部品の搭載有無または構成部品の選択でシステムのバリアントが設定できる設計を行うことで、適正化されたコストでさまざまな車両バリアント要求に対応することができる。また、不要となったシステムアーキテクチャの構成要素をベースから削除して、常に価値を生む構成要素のみとなるようにベースとなるシステムアーキテクチャを維持する。	・バリアント設計が考慮されていない ・再利用による効果の分析不足
	SYS.3 19 利害関係者の価値を高めるために、時代とともに進化するドメイン技術、製品、および最先端の技術（state of the art）の動向調査を行い、価値向上に役立つと判断される技術および最先端の技術をタイムリーに製品に反映し、利害関係者に提供できるように先行開発を行う。	・技術動向変化の認識不足
	SYS.3 20 設計の意図、根拠、およびノウハウを組織の開発資産として残すこと、および可視化する活動、既存の開発資産を最大限に活用し最新状態を維持する活動、さらにメンテナンスしやすい開発資産を構築する活動は、システムアーキテクチャ設計工程の効率化をもたらすため、組織はそれらの活動を賞賛し、対価を提供する。	・開発資産を醸成しない組織文化
敬意 (Respect for People)	SYS.3 21 システムアーキテクチャ設計には、システムアーキテクトとしての力量に加えて、設計意図をシステムアーキテクチャにムダなく、理解しやすく、美しく表現するためのセンスも重要となる。センスを磨くためには設計原則およびデザインパターンを学ぶことが役立つ。	・システムの特徴を捉える力量不足

	SYS.3 22 システムアーキテクトは、システムアーキテクチャのレビュー時に設計意図がレビューアーに正しく伝わらず、何度も説明することがないように、定義された記法で設計意図をシステムアーキテクチャとして可視化できるように鍛錬する。効果的かつ効率的なレビューを実施するためには、アーキテクチャを議論するすべてのレビューで、可視化したアーキテクチャを事前に準備することを徹底する。	・システムアーキテクチャを可視化する力量不足 ・設計意図を表現する力量不足

5.6　SYS.4 の LEfAS

SYS.4 プロセスの価値は次のとおりである。

プロセスの価値：システム要求から正しく展開されたシステムアーキテクチャ設計が、正しく実装されているという根拠を明確に示す。

Automotive SPICE® のプロセス参照モデルを適用する際に Lean Thinking の側面を補足するため、SYS.4 プロセスの目的（Automotive SPICE® の定義を参照）およびプロセスの価値に基づき、SYS.4 の LEfAS を表 4-2 の 6 分類項目に従い表 5-7 に記述する。尚、SYS.4 の LEfAS としては、Automotive SPICE® v4.0 の検証の一部であるテストへの対処を記述している。

表 5-7　SYS.4 プロセスの LEfAS

分類名称	Lean Enabler	ムダを誘発する要因
価値 (Value)	SYS.4 01 検証の実施については、検証設備の情報が大変重要である。検証手順書の価値を関係者で認識し、それぞれのノウハウを手順書に織り込んで更新する文化を持つ。また、使用する検証設備の情報は、検証設備の情報記録（例：使用した機器の品番記録、セッティング状態）として検証関係資料に含め、第３者が確認できるようにする。	・検証実施者によって異なる結果 ・再現できない不十分な検証記録
	SYS.4 02 検証設計を担うエンジニアはシステム要求が変更された部分のみに注力して検証仕様を作成しがちである。システムアーキテクチャ設計変更の影響は多岐にわたることがあるため、検証設計を担うエンジニアはテストケースを追加する際に、検証仕様の全体を俯瞰してテストケースの重複を確認し、システムの全体構成を俯瞰してテストケースの不足を確認する。	・テストケース全体の管理が不適切（重複するテストケースの実施およびテストケースの実施モレ）
	SYS.4 03 システムアーキテクチャ設計の初期段階から検証設計を担うエンジニアが戦略的にレビューに参加して、検証容易性（テスタビリテイ）を考慮したシステムアーキテクチャ設計を行うように働きかけることで、検証の信頼性と効率性を上げるテス	・検証容易性についての認識不足

	トケースの作成ができる。	
	SYS.4 04 計測対象のバラツキ幅が小さい、または計測間隔が時間的に短い検出要求（数百μ secなど）については、適切な計測機器（例：ロジックアナライザ）を選定して検証する。	・計測機器の知識不足 ・評価対象仕様の理解不足
	SYS.4 05 意図機能要求、機能安全要求、サイバーセキュリティ要求に対する各々の検証は、全体の検証の中でシステム統合とシステム統合検証の順序を工夫し、段階を踏んで効果的かつ効率的に実施する。例えば、サイバーセキュリティ要求の検証として最初にMAC認証を評価するのではなく、まずは意図機能を確認し、次に安全機能を確認し、最後にMAC認証の確認をするといった統合戦略および統合検証戦略を策定し、段階を踏んで検証する。	・考慮されないテスト順序
	SYS.4 06 機能安全規格（ISO 26262）などの複数の側面への対処が必要となる場合には、検証手法（要求ベーステスト、フォルトインジェクションテストなど）に関連したテストケースをそれぞれ作成し、マトリクスを用いて整理することで、過不足のない検証を実施する。	・異なる担当者によるテストケースの過不足
	SYS.4 07 設計変更時には、意図した変更箇所と、意図しない変更箇所の双方が存在することがある。意図した変更箇所の影響範囲を的確に把握できていないと（意図しない変更箇所の存在に気づかず）、意図しない変更が存在していることを見過ごしてしまう。変更の確認は、意図した変更箇所だけでなく、意図しない変更箇所が存在しないことを含めて検証できるようにテストケースを定義する。	・設計変更による影響範囲の把握不足
	SYS.4 08 検証判定基準に対するマージンを確認せず、検証結果をOK/NGだけで捉えると、検証が適切に	・システムアーキテクチャ設計意図の理解不足

	行われていない場合がある。変更前の設計に対して変更後の設計が適切なマージンを維持していることを確認する。検証結果がマージンに対して過大または過小となっている場合には、検証判定基準の見直しを検討する。	
価値の流れ（Value Stream）	SYS.4 09 すべてのシステム要求をモレなく検証したことを説明できるように、システム要求とテストケースとの双方向トレーサビリティを確保し、マトリクスを作ってテストケースの過不足を確認しやすくする。システム要求とテストケースの数が多い場合には、ツールなどを活用してマトリクスを作成するとよい。	・テストケースの網羅性確認不足
	SYS.4 10 システムアーキテクチャの構成要素とテストケースのトレーサビリティを用いて、構成要素ごとの単体検証実施順序を計画する。同様にトレーサビリティを用いて構成要素の統合および統合検証の実施順序を計画する。実施順序の計画は、クリティカルな場合および手戻りが発生した場合の影響が大きなテストケース、検証実施のためだけの疑似開発環境を必要としないテストケースを優先して実施するなど、プロジェクト制約を考慮して策定する。一方で、多大な工数または費用のかかるテストケースについては、他のテストケースとの関連性を踏まえて、他のテストケースの再実施に伴う再検証を回避すべく、実施順序を最後にするなどの検討をする。	・テストケースの網羅性確認不足 ・テストケースの実施順序の検討不足
	SYS.4.11 システム設計段階で何が変更の要点か、どのような検証が必要かを認識して統合および統合検証の全体計画を立案する。同じ検証機材を使うテストケースは集約して実施し、小さな範囲から大きな範囲に段階的に検証ができるように、統合と統合検証の実施順序を整理して検証計画を立案する。	・テストケース全体の管理が不適切（重複するテストケースの実施およびテストケースの実施モレ）

流れ (Flow)	SYS.4.12 検証を担うエンジニアが未経験の検証を初めて実施する際には、あらかじめ検証に必要な知識の習得を計画して身につけた上で、経験者の指導またはノウハウ記録を活用して実施する。ノウハウ記録を活用する場合には、従前の検証実施時に気づいた点を、ノウハウとして記録し、組織で情報を共有しておく必要がある。	・組織プロセスおよびノウハウを活用するという意識が薄い ・テストは個人技という意識が強い
引き込み (Pull)	SYS.4.13 自社開発部品と社外からの調達部品（市販品、外注品）を統合する時のトラブルを事前に回避し、統合検証でインタフェースを確実に評価するため、調達部品の検討時に自社開発部品と調達部品の機能的および物理的インタフェースの評価観点を確認する。	・部品統合戦略の不備
完璧 (Perfection)	SYS.4.14 試作納入と量産納入とでは求められる品質レベルが異なる場合があるため、検証の目的に合わせてテストケースを合理的に決定できるよう、テストケースの選定ルールを定義し活用して過不足のないテストケースを特定する。テストケースが、品質特性、正常／異常系区分、および詳細項目にて分類され階層的に構成される場合、これらのテストケース群から合理的にテストケースを導出するための選定ルールを決定することができる。	・画一的で柔軟性のない検証プロセスの定義 ・検証の目的および期待される品質基準の理解不足
	SYS.4 15 検証で不具合を発見し、不具合修正後に該当箇所の再検証だけで検証完了とすることがないように、検証計画の策定手順には、再検証時の計画策定についても明確に記述する。とくに回帰テストでの不具合発見時に、不具合修正後の該当箇所の確認だけでなく、再度の回帰テストの実施要否についても明確にする。	・回帰テストでの不具合に対する回帰テストの考慮モレ

敬意 (Respect for People)	SYS.4 16 システムの設計を担うエンジニアだけが開発の花形で立場が強い組織の場合には、後工程のシステム統合および統合検証を担うエンジニアに配慮をしないという組織文化になりやすくなる。組織としてシステム統合および統合検証を担うエンジニアの責任と権限を明確に定義し、日程面および検証設備面などの直接的な影響を受ける統合および統合検証を担うエンジニアに配慮する組織文化を醸成する。	・エンジニアの担当業務による優劣意識
	SYS.4 17 自身が設計した検証仕様の不具合は見つけにくく、他人の不具合は見つけやすい傾向があるため、検証を担うエンジニアの役割と権限を組織的に確立し、思い込みを排除するために、検証を担うエンジニアには設計を担うエンジニアとは異なる要員を割り当てる。	・設計を担うエンジニアと検証を担うエンジニアが同一要員 ・他者の作業不備を指摘することに抵抗感がある要員による検証活動

5.7　SYS.5 の LEfAS

SYS.5 プロセスの価値は次のとおりである。

プロセスの価値：検証対象の製品および／またはサービスがシステム要求を満たしている証拠をリリースまたは受け入れを判断する利害関係者に提供するために、システム要求が満たされるべき条件および遵守の判断に用いる指標と基準を利害関係者と合意してシステム検証を実施し、検証の合否と証拠を示す。

Automotive SPICE® のプロセス参照モデルを適用する際に Lean Thinking の側面を補足するため、SYS.5 プロセスの目的（Automotive SPICE® の定義を参照）およびプロセスの価値に基づき、SYS.5 の LEfAS を表 4-2 の 6 分類項目に従い表 5-8 に記述する。尚、SYS.5 の LEfAS としては、Automotive SPICE® v4.0 の検証の一部であるテストへの対処を記述している。

表 5-8　SYS.5 プロセスの LEfAS

分類名称	Lean Enabler	ムダを誘発する要因
価値 (Value)	SYS.5 01 テストケースを安易に追加する前に、既存のテストケースから、どのような結論が提供できるかを考察することで、検証の本来の目的が何であったかを再認識する。これにより、対象となるシステム要求が存在しているか、対象となるシステム要求に対して検証条件と判定基準に不整合がないか、類似のテストケースが存在しないかを確認できる。この確認によって、テストケースの過不足（例えば、既存のテストケースを流用できるにも関わらず、新たに作成してしまうムダ）および／または検証条件の過不足（例えば、運用時のシステム作動頻度が低減したにも関わらず、システム要求および検証条件が見直されず、過剰な耐久テストを実施するムダ）の検出を促進し、テストケースの検証による検証活動の最適化が可能となる。	・慣習的な既存検証の実施
	SYS.5 02 検証対象が与えられた条件下で必ずシステム要求	・検証基準、検証条件、検証記録などに基づか

	を満たすことを証明するために、検証基準、検証条件、検証記録などを要約した検証結果を作成することは、システムがライフサイクルを通じてシステム要求を満たした状態で稼働できることを説明するのに役立つ。ただし、検証条件外の振る舞いについては説明できないので、要約に含めるべきではない。	ずに要約された検証結果
価値の流れ(Value Stream)	SYS.5 03 検証を担うエンジニアは、利害関係者とのコミュニケーションから各リリースの目的を理解し、リリースされる製品および／またはサービスがその目的に合致する品質レベルにあることが確認できる検証計画を策定する。その検証計画を用いて目的に合致する品質レベルにあることを説明できるようにする。そのためにはゴール思考にて検証計画を立案するとよい。リリースの目的の例としては、発注者の期待値などがある。	・各リリースの目的と期待値に対する理解不足
	SYS.5 04 プロジェクトに新しい評価方法を取り入れる場合には、評価の特性（評価の難しさ、評価工数／コストなど）から、評価失敗のリスクに応じて、検証計画に開発環境構築と検証実施の試行ステップを取り入れる。	・検証準備および検証試行ステップの省略
	SYS.5 05 検証計画に考慮不足がある場合、検証設備が使用できずに別の検証設備を借用するための新たなコスト、あるいは準備したサンプルでは検証の目的が達成できずに追加サンプルを準備するためのコストと待ち時間が生じることがある。検証を効率的に実施するためには検証計画と検証仕様の作成に時間を費やす必要がある。検証計画は検証設備の識別と利用、検証実施に伴う人とモノの移動に係るコスト算出に基づいて最適化し、検証仕様は検証条件、検証サンプル数、テストケースを最適化する。	・検証設備の利用コスト、維持コスト、および検証設備までの移動コストの意識不足

流れ (Flow)	SYS.5 06 SYS.2 領域の工程から提供される検証基準で合否判断できるように同値クラスおよび境界値分析などのテストケース導出手法、実験計画法などをテストケースの導出条件として定義し、過不足のないテストケースを設計する。	・効果的なテストケース導出方法の知識不足
	SYS.5 07 量産される製品のすべてがシステムに対する要求を満たすことを証明するために、システムに潜在する物のばらつき(生産上のばらつき、素材のばらつきなど)の上下限を考慮した適切な検証対象を準備する。検証対象としては、ランダムに抽出された複数のサンプル品、ロット違い品、ばらつきワーストケース品などがある。	・ばらつきの検討不足
	SYS.5 08 検証結果が NG になった場合の原因解析を効率的に行うために、検証が NG になる条件の情報収集が重要である。検証計画書には、操作手順、検証設備、検証対象などが明記されているが、環境データおよび検証対象のロット番号などは検証実施時に明らかになる。したがって、再現するための情報としては、検証計画書だけでなく検証実施時の状況を追加し、検証結果とともに記録し保管する。	・検証実施時の情報記録不足
引き込み (Pull)	SYS.5 09 量産の工程設計を効率的に行うため、システム要求に対する検証仕様の設計時に量産工程に流用できる検証設備、評価指標、判定基準を考慮して検証仕様を作成する。	・後工程の配慮不足
	SYS.5 10 検証基準に基づき検証結果を評価するにあたり、特殊な検証対象(ばらつきのワースト品、計測のための特殊加工品など)の準備が必要となる場合があるため、検証仕様書および検証計画が作成された段階で要求定義を担うエンジニア、検証を担うエンジニア、生産担当者で検証仕様および検証	・生産担当者への情報伝達不足

風詠社の本をお買い求めいただき誠にありがとうございます。
この愛読者カードは小社出版の企画等に役立たせていただきます。

本書についてのご意見、ご感想をお聞かせください。
①内容について

②カバー、タイトル、帯について

弊社、及び弊社刊行物に対するご意見、ご感想をお聞かせください。

最近読んでおもしろかった本やこれから読んでみたい本をお教えください。

ご購読雑誌（複数可）	ご購読新聞 新聞

ご協力ありがとうございました。

※お客様の個人情報は、小社からの連絡のみに使用します。社外に提供することは一切ありません。

料金受取人払郵便

大阪北局
承認

1635

差出有効期間
2025年1月
31日まで
（切手不要）

郵便はがき

553-8790

018

大阪市福島区海老江5-2-2-710

㈱風詠社

愛読者カード係 行

ふりがな お名前				大正　昭和 平成　令和　　年生　　歳
ふりがな ご住所	□□□-□□□□			性別 男・女
お電話 番　号		ご職業		
E-mail				
書　名				
お買上 書　店	都道府県　　市区郡	書店名	書店	
		ご購入日	年　月　日	

本書をお買い求めになった動機は？
1. 書店店頭で見て　2. インターネット書店で見て
3. 知人にすすめられて　4. ホームページを見て
5. 広告、記事（新聞、雑誌、ポスター等）を見て（新聞、雑誌名　　　）

	計画をレビューし、決定事項の明確化と関係者間の意思疎通を行う。	
	SYS.5 11 システム要求のレビューに検証を担うエンジニアが参加することは、システム要求を検証容易性（テスタビリティ）の観点で指摘し、システム要求に対する検証が実施しやすいシステム要求にすることができる。さらにレビューで得た情報を用いて、準備すべき検証設備、検証の観点と基準、テストケースを事前に検討することで、早期に検証仕様の作成に着手することができる。	・検証容易性が考慮されていないシステム要求 ・検証設備の手配遅れ
完璧 （Perfection）	SYS.5 12 システム要求に対する検証で検出される不具合は、SYS.2 領域の工程にて要求定義自体に不備がある、SYS.3 領域の工程にて要求を実現する設計に不備がある（物のばらつきが考慮されていないなど）、および SYS.2 領域または SYS.3 領域の工程にて要求詳細化の過程に不備があること（意図が正しく伝わっていないなど）が多い。大きな手戻りを削減するためにシステム要求に対する検証で検出された不具合の真因を分析し、分析結果を設計工程に伝達する。	・設計工程の力量不足
	SYS.5 13 類似のテストケースで繰り返し評価しても同じ結果しか得られないが、新たな観点によるテストケースを用いて検証を実施すると、不具合が検出できる可能性がある。検証に関する要求が新たに生じた場合（新たな規格への対応など）に、検証観点の重複と不足を回避し、効果的に不具合を検出するため、テストケースを追加する場合には、既存の類似テストケースがないか、これまで確認できていない観点のテストケースが他にないかを確認し、新たなテストケースの追加要否とテストケースの過不足を見極める。	・テストケースの盲目的な活用 ・テストケースの見直し未実施
	SYS.5 14 システムの複雑化に伴い、他システムとの連携で	・検証仕様の検討不足

	の問題発生が増加している。自システムと他システムの統合による車両統合検証の検証仕様を自システム、他システムおよびシステム統合の担当者で共有し、システム間の連携に関連する不具合が検出できる内容となっているか、検証観点が重複していないか確認する。それぞれの検証仕様に過不足が生じている場合には、検証の効率性を考慮してそれぞれの検証仕様の調整を提案する。	
敬意 (Respect for People)	SYS.5 15 システムが使われる地域、状況、ユースケースをユーザー視点で想像することは、効果的なテストケースを生成する力量の醸成に役立つ。検証を担うエンジニア同士で、システムの搭載位置、ユーザーインタフェース、および仕向け地の特徴などの情報を共有し、ユースケースに基づくテストケース構築の知見として蓄積する。	・向上心、責任感の欠落
	SYS.5 16 システム要求に対する検証で検出された不具合に対しては、市場または発注者への不具合流出が効果的に防止できたと捉え、検証で不具合を発見したエンジニアを賞賛するとともに、関連するエンジニアは真因解析および対策にむけての協力を惜しまない。	・不具合検出が感謝されない風土

5.8　SWE.1 の LEfAS

SWE.1 プロセスの価値は次のとおりである。

プロセスの価値：システム要求とシステムアーキテクチャから定義されたソフトウェア要求に加え、システムアーキテクチャに基づくソフトウェアアーキテクチャの構造および振る舞いを構想した初期ソフトウェアアーキテクチャの検討をとおしてソフトウェア要求を導出することで、過不足のないソフトウェア要求を定義する。

Automotive SPICE® のプロセス参照モデルを適用する際に Lean Thinking の側面を補足するため、SWE.1 プロセスの目的（Automotive SPICE® の定義を参照）およびプロセスの価値に基づき、SWE.1 の LEfAS を表 4-2 の 6 分類項目に従い表 5-9 に記述する。

表 5-9　SWE.1 プロセスの LEfAS

分類名称	Lean Enabler	ムダを誘発する要因
価値 (Value)	SWE.1 01 システム要求に基づいて、システムが何（What）をなぜ（Why）実現しようとしているのかを把握した上で、システムに期待されるソフトウェア機能を実現するためのソフトウェア要求を過不足なく引き出す。システムが実現したいことを正しく理解するためには、システム要求のみならず、システム要求の上位要求となる利害関係者要求に遡ることも有効である。	・上位要求に対する理解不足 ・ソフトウェア要求の記述不足（不正確、不十分、不明瞭） ・検証容易性の考慮不足
	SWE.1 02 ソフトウェア要求は、次の 5W を考慮して必要な事項を定義する。5W の観点がモレると曖昧性を含んだ要求定義になりやすいため、5W をレビュー観点に用いてレビューを実施し、ソフトウェア要求の不足点を補う形で修正する。 - What：何が入力で、何が出力なのか - Who：誰（情報を出力する元の機能要素）からの入力を、誰（情報を処理する機能要素）が処理して、誰（情報を引き渡す先の機能要素）に出力するのか	・実装すべきソフトウェア要求に対する情報不足 ・ソフトウェア要求の記述不足（不正確、不十分、不明瞭）

	- When：いつするのか（タイミング）、いつまでにするのか（期間） - Where：どこ（情報を出力する元の物理要素：ハードウェア）からの入力で、どこ（情報を処理する物理要素：ハードウェア）で処理するのか、どこ（情報を引き渡す先の物理要素：ハードウェア）へ出力するのか - Why：なぜそのソフトウェア機能が必要なのか ※ 5W1H の「How：どのように実現するのか」については、SWE.2 のソフトウェアアーキテクチャ設計にて扱う ※ソフトウェア要求の定義は、[条件][主語（主体）][目的語（対象）][動作または制約][値] を含み、肯定文および能動態を用いるなど、ISO/IEC/IEEE 29148（JIS X 0166：システムおよびソフトウェアエンジニアリングーライフサイクルプロセスー要求事項エンジニアリング）の要求事項の構成が参考になる	
	SWE.1 03 ソフトウェア要求が実装されるハードウェア仕様を把握した上で、ソフトウェアに割り当てられるコンピュータ資源（処理時間、メモリ使用量）内で実現可能なソフトウェア要求を定義する。	・業界標準ソフトウェアの不採用 ・実装に用いるハードウェアの考慮不足
	SWE.1 04 製品の機能性に目を向けた機能要求だけでなく、ソフトウェアに求められる品質特性（信頼性、使用性、効率性、保守性、移植性など）を考慮してソフトウェア要求を定義する。求められる品質特性は市場動向および顧客要求、法規制約などにより識別する。品質特性の種別は代表的なデジュールスタンダードとして、ISO/IEC 25000 シリーズ（または ISO/IEC 9126）を参考とすることができる。そのほか、自動車ドメインの安全については ISO 26262、セキュリティについては ISO/SAE 21434 などを参考にすることができる。	・実装すべきソフトウェア要求に対する過不足 ・プロセスの質／量の過不足

価値の流れ (Value Stream)	SWE.1 05 ソフトウェアレベルの開発戦略として「ソフトウェア要求の定義」「ソフトウェアアーキテクチャ設計」「ソフトウェア詳細設計の定義」の各アクティビティの連携について、イテレーションの方法と回数を含め、プロジェクトの規模および難易度に基づいてあらかじめ検討し、プロジェクト計画に織り込んでおく。	・プロジェクトの規模および難易度を考慮していない計画
	SWE.1 06 システム要求がソフトウェア要求とハードウェア要求に分割されている場合には、システム要求およびハードウェア要求の定義を担当する組織および／または担当者を巻き込んで、定義したソフトウェア要求の実装前検証（インスペクション、シミュレーションなど）を実施するための計画を策定し、関係者間で要求に対する検証計画の整合を確実に実施する。	・不完全な（曖昧および／または不足した）実装前の検証計画 ・システム／ハードウェア／ソフトウェア間での要求の不整合
	SWE.1 07 ソフトウェア要求の定義に影響を及ぼすシステム要求およびハードウェア要求の変更（追加、削除を含む）について、関係する組織および／または担当者と各々の要求変更のデッドラインを調整し合意する。	・ソフトウェア納入日を考慮せずに繰り返される要求変更
	SWE.1 08 効果的かつ効率的なソフトウェア要求の分析および定義を実施するために必要な力量（例：コミュニケーション力、文章力、ドメイン知識）を有する人材を計画的に育成するための計画を策定する。育成計画は半期ごとに見直すなど、必要な力量の変化に適宜対処することが望ましい。	・不十分なプロジェクト資源に基づく計画 ・不完全な（曖昧および／または不足した）人材育成計画
流れ (Flow)	SWE.1 09 ソフトウェア要求の実装に影響を及ぼすソフトウェアアーキテクチャの構成要素の粒度を均一化するためには、同一階層でソフトウェア要求の粒度が均一になるようにソフトウェア要求を定義する。ソフトウェア要求の粒度を均一化すると、個々	・実装すべきソフトウェア要求に対する過不足

	の要求の実装に要する期間をある程度平準化できるため、効率的な開発の実現につながる。また、複数のソフトウェア要求がひとつの要求として複合的に記述されていると、アーキテクチャの構成要素に適切に配置できないことがあるため、アーキテクチャの構成要素に配置できるかを検討し、複合的なソフトウェア要求の記述にならないようにする。	
	SWE.1 10 ソフトウェア要求とソフトウェア要求につながる作業成果物（システム要求、ハードウェア要求、システムアーキテクチャの構成要素、ソフトウェアアーキテクチャの構成要素）との双方向トレーサビリティを確立する。これにより、ソフトウェア要求のみならず、システム要求またはハードウェア要求などが変更された際の影響分析およびリスク評価を効率的に実施することができる。 ※ソフトウェア要求と、ソフトウェアテストケースとの双方向トレーサビリティは、SWE.6 で扱う。	・ソフトウェア要求の変更に関係する作業成果物の影響分析不足
	SWE.1 11 すべてのソフトウェア要求を組織内で開発するのではなく、ソフトウェア要求を技術面、納期面、コスト面から評価することで、業界で実績があり信頼できる供給者から提供される業界標準ソフトウェア（COTS など）の採用を選択肢に加える。信頼できる業界標準ソフトウェアの採用により、短期間での自社開発のリスクを低減し、プロジェクトの QCD 目標を達成する確度を高めることができる。	・業界標準ソフトウェアの未検討
	SWE.1 12 ソフトウェア要求はシステム要求からの派生の他、システムアーキテクチャに基づくソフトウェアアーキテクチャの構造および振る舞いを構想した初期ソフトウェアアーキテクチャ（ソフトウェアの構造と振る舞い）を分析することで、ソフト	・ソフトウェア要求分析不足 ・実装が可能となるソフトウェア要求粒度への詳細化不足

	ウェア要求の定義につなげることができる。このようにして導出されたソフトウェア要求は、実現するソフトウェア機能の規模、複雑度、難易度に応じて実装が可能となる粒度になるまでの階層数を決定し、段階的に詳細化する。階層の数は製品の規模および複雑度に依存し、実装が可能となる粒度は組織の力量に依存するため、階層の数と実装が可能となる粒度は、製品または組織ごとに異なることがある。	
引き込み（Pull）	SWE.1 13 すべてのシステム要求定義が完了するまでソフトウェア要求の分析開始を待つのではなく、入手可能なシステム要求を事前情報として入手し、システム要求の曖昧な部位および粒度の粗い部位を評価してシステム要求の担当者に早期にフィードバックする。また、入手したシステム要求に基づき、ソフトウェア要求分析に必要な要員（人数と力量）を把握してリソースの確保に役立てる。	・システム要求の理解不足 ・実装すべきソフトウェア要求に対する過不足
	SWE.1 14 ベースライン化された過不足の無いソフトウェア要求一式を決められた期日までに双方の窓口間で受け渡しの間違いが起きない授受しやすい方法で、SWE.2 領域および SWE.6 領域の工程に引き渡せるように準備する。間違いが起きない授受しやすい方法については、少なくとも受け取り側の利便性が配慮されている必要があるため、あらかじめ授受しやすい方法を双方で合意しておく。間違いが起きにくく授受しやすい方法としては、対象となる作業成果物を名称およびバージョンにて一意に特定できるように管理されたツール（例：構成管理ツール）を用いる方法がある。	・ソフトウェア要求の曖昧な授受方法
	SWE.1 15 複数のソフトウェア要求のうち、どのソフトウェア要求をどの納入タイミング（設計試作、生産試作、量産試作など）までに最低限実装する必要があるかを利害関係者と合意する。合意した納入タ	・実装すべきソフトウェア要求に対する過不足 ・ソフトウェア要求実装の誤った実装順位付け

	イミングに必要なソフトウェア要求が過不足なく定義されていることを確認し、ソフトウェア要求をベースライン化する。	
完璧 (Perfection)	SWE.1 16 ソフトウェア要求の管理および分析の改善に関する社内外から収集した情報をそのまま鵜呑みにすることなく、収集した情報が自組織の開発する製品および／またはサービスの開発環境として真に有効か、そのまま導入するとムダ／ムラ／ムリを誘発しないかを分析する。分析結果に基づき、自組織の開発プロセスに合致する開発環境にカスタマイズし、組織またはプロジェクトへの導入を図る。例えば、多人数での開発の仕組みを少人数での開発にそのまま導入する、高い安全性が要求されるドメインの仕組みを安全性が要求されないドメインにそのまま導入する、大規模なシステム開発の仕組みを小規模なシステム開発にそのまま導入することは、返ってムダを生むことにもなりかねないので注意が必要である。	・非効率なプロセスの放置 ・非効率な開発環境の放置 ・納期に追われて業務改善をする余裕のない組織 ・非効率な開発環境の改善に関心のない組織 ・変化を嫌う組織の体質
敬意 (Respect for People)	SWE.1 17 効果的かつ効率的なソフトウェア要求の分析および定義を実施するために必要な力量を具体化かつ細分化（例：コミュニケーション力、文章力、ドメイン知識、分析力）し、担当者の自己成長意欲を尊重して各々に不足する力量を適切に充足するために必要な育成を図る。これにより、急場しのぎの場当たり的な育成による担当者のモチベーション低下を防ぐ。	・担当者の活動意欲（モチベーション）低下

5.9　SWE.2 の LEfAS

SWE.2 プロセスの価値は次のとおりである。

プロセスの価値：システムからの要求と制約を含めたソフトウェアの機能要求と非機能要求を実現するソフトウェアアーキテクチャを構築する。また、要求を展開したソフトウェアエレメントが識別可能となるソフトウェアアーキテクチャを構築する。

Automotive SPICE® のプロセス参照モデルを適用する際に Lean Thinking の側面を補足するため、SWE.2 プロセスの目的（Automotive SPICE® の定義を参照）およびプロセスの価値に基づき、SWE.2 の LEfAS を表 4-2 の 6 分類項目に従い表 5-10 に記述する。

表 5-10　SWE.2 プロセスの LEfAS

分類名称	Lean Enabler	ムダを誘発する要因
価値 (Value)	SWE.2 01 ソフトウェアの全体構造から、構造を分解し機能を配置したソフトウェアエレメント※を追えるように、上位のソフトウェアエレメントと下位のソフトウェアエレメント（コンポーネント※）のトレーサビリティを確保したソフトウェアアーキテクチャ※の全体構造を提供する。 ※エレメント：Automotive SPICE® の定義を参照 ※コンポーネント：Automotive SPICE® の定義を参照 ※アーキテクチャの定義は、ISO/IEC/IEEE 42010（システムおよびソフトウェアエンジニアリング－アーキテクチャ記述）のアーキテクチャ記述の概念モデルが参考になる	・全体を見渡すことができないソフトウェアアーキテクチャ ・ソフトウェアアーキテクチャを作成しない、もしくは開発後の作成
	SWE.2 02 関連する機能（ハードウェア部、外部通信部、アプリ部など）でソフトウェア要求を分類し、その分類にしたがいソフトウェアアーキテクチャのソフトウェアエレメントを定義することにより、ソフトウェアエレメントの役割が明確になり、ソフトウェアエレメント間のインタフェースが理解しやすくなる。	・機能分類されていないソフトウェアエレメント ・可読性の悪いインタフェース仕様 ・可読性の悪いソフトウェアアーキテクチャ

	SWE.2 03 ソフトウェアアーキテクチャ設計を変更するときには、ソフトウェアエレメントの設計意図が記載されたソフトウェアアーキテクチャ設計書を用いて、設計意図を正しく理解し、設計意図から外れないように変更する。	・設計意図が記載されていないソフトウェアアーキテクチャ設計書 ・整頓されていない設計資料
価値の流れ (Value Stream)	SWE.2 04 開発組織を跨るインタフェースの変更については齟齬が発生しやすいので、組織間でアーキテクチャを共有してインタフェース仕様の共同レビューおよび／または合同テストを実施する計画を策定し、インタフェース仕様の齟齬が発生しないようにする。	・共通認識ができていないインタフェース
	SWE.2 05 アーキテクチャの理解を高めるために、製品および／またはサービスの特徴に応じて、ソフトウェアアーキテクチャの階層数、階層ごとのエレメントの粒度と数※、エレメントの粒度に適したインタフェースの数、エレメントが持つ機能の属性（例：性能、安全、セキュリティ）などの設計基準を定義する。 ※階層ごとのエレメントの数については、米国の心理学者ジョージ・ミラーの研究論文「マジカルナンバー７±２（ミラーの法則）」が参考になる	・ソフトウェアアーキテクチャに対する基準、要領、方針の不足 ・アーキテクチャ記述不足による共通認識不足
流れ (Flow)	SWE.2 06 製品および／またはサービスに必要な機能が持つべき品質特性は、関係法規、制約、利害関係者要求などから導出されるが、相反する品質特性（利便性と機密性など）が含まれることがある。そのような場合には、詳細設計および検証などの後工程を効果的かつ効率的に実施するため、上位階層にもどり、トレードオフ分析を用いて相反する品質特性を解消して機能を再定義し直すか、機能をソフトウェアアーキテクチャの構成要素（ソフトウェアエレメント）に配置する際に、機能とソフトウェアエレメントを分解するなどして相反する	・機能に必要な品質特性の検討不足 ・ソフトウェアアーキテクチャ設計に対する基準不足

	品質特性を同一のソフトウェアエレメントに配置しないようにする。	
	SWE.2 07 ソフトウェア要求を実現するためのソフトウェアアーキテクチャ設計（静的側面と動的側面）のソフトウェアエレメントの粒度は、担当者に依存するとソフトウェアエレメントの粒度が粗過ぎたり、細か過ぎたりするため、後工程が必要とする粒度を考慮して決定し、均一に設計する。	・ソフトウェアアーキテクチャ設計に対する要領および／または基準の不足
	SWE.2 08 ソフトウェア要求とソフトウェアアーキテクチャ設計のソフトウェアエレメントとの間のトレーサビリティはツールを用いて管理することで、トレーサビリティを視覚化でき、ソフトウェア要求の網羅性および要求変更による影響範囲が把握しやすくなる。	・機能要求とエレメント間の紐付け不足
引き込み (Pull)	SWE.2 09 ソフトウェアアーキテクチャ設計（とくに振る舞いの検討）をとおして、不足しているソフトウェア要求および／または情報に気づくことがあるため、不足していることに気づいた場合には要求分析工程にフィードバックをおこなう。	・ソフトウェア要求の分析不足 ・ソフトウェア要求の不足
完璧 (Perfection)	SWE.2 10 ソフトウェアアーキテクチャに対する保守性、理解容易性などの観点で改善点を洗い出し、ソフトウェアアーキテクチャのリファクタリングを行う。製品および／またはサービスの開発期間に対して変更が大きい改善点については、ソフトウェアアーキテクチャの構造を大きく見直すタイミングで対応できるように課題を管理しておく。	・ソフトウェアアーキテクチャの未活用 ・見直しが行われないソフトウェアアーキテクチャ
	SWE.2 11 ソフトウェアの機能をソフトウェアアーキテクチャにて設計するにあたり、車両またはシステムごとに変更すべき性能を明確にし、それを素早く反映できるようにキャリブレーションデータおよびコンフィグレーションデータに対応したソフト	・派生展開を考慮していないソフトウェアアーキテクチャ

	ウェアの構造と開発環境を整備する。これにより、車両の派生開発時に頻繁なソフトウェア構造の見直しを抑えることができる。	
	SWE.2 12 ソフトウェア要求を実現する最適なソフトウェアアーキテクチャを構築するために、設計したソフトウェアアーキテクチャを組織で定義した基準（階層の数、階層あたりの構成要素数など）にしたがってレビューする。レビューにて関係者から質問を受けた点および／または関係者が理解できなかった点は、他者も理解できない可能性が高いため、レビュー対象（ソフトウェアアーキテクチャおよび／または仕様書）には改善の余地があると捉えて、理解しやすく修正する。さらに修正点を組織のレビュー観点および基準として追加することを検討する。	・ソフトウェアアーキテクチャのレビュー不足 ・レビュー指摘の未対応
敬意 （Respect for People）	SWE.2 13 ソフトウェアアーキテクチャ設計を担うエンジニアは、レビューの場で関係者に丁寧に説明し、質問または指摘された点を真摯に受け止めて自身の力量アップに役立てる。	・ソフトウェアアーキテクチャに対するレビュー不足 ・レビュー指摘に対する反発心
	SWE.2 14 ソフトウェアアーキテクチャに関する最先端の技術（state of the art）などの情報を収集し、勉強会などを通じて組織内に浸透させることは、ソフトウェアの構造表現および振る舞い表現などのソフトウェアアーキテクチャ設計に対する組織力向上に役立つ。	・見直しされないソフトウェアアーキテクチャ ・関係者での共通理解不足

5.10　SWE.3 の LEfAS

SWE.3 プロセスの価値は次のとおりである。

プロセスの価値：ソフトウェア要求およびソフトウェアアーキテクチャ設計から一貫性のある実装可能な詳細設計を生成し、詳細設計にしたがってモレなく正しくソフトウェアユニットに実装する。

Automotive SPICE® のプロセス参照モデルを適用する際に Lean Thinking の側面を補足するため、SWE.3 プロセスの目的（Automotive SPICE® の定義を参照）およびプロセスの価値に基づき、SWE.3 の LEfAS を表 4-2 の 6 分類項目に従い表 5-11 に記述する。

表 5-11　SWE.3 プロセスの LEfAS

分類名称	Lean Enabler	ムダを誘発する要因
価値 (Value)	SWE.3 01 ソフトウェアアーキテクチャ※の構成要素をソフトウェア詳細設計として詳細化する際、ソフトウェアアーキテクチャ設計とソフトウェア詳細設計との関係を正確性、完全性、一貫性などの観点で検証するために、静的な構造図および動的な振る舞い図を用いたソフトウェア詳細設計を検証に必要な側面（SysML または UML を用いた内部構造図、ユースケース図、アクティビィ図、シーケンス図、ステートマシン図など）で表現する。これにより、ソフトウェア要求が割り当てられた構成要素間の相互接続（インターコネクション）および相互作用（インタラクション）を多視点で検証することができ、ソフトウェア詳細設計の不備だけでなく、ソフトウェア要求の不備の適正化にも役立てることができる。 ※アーキテクチャの定義は、ISO/IEC/IEEE 42010（システムおよびソフトウェアエンジニアリングーアーキテクチャ記述）のアーキテクチャ記述の概念モデルが参考になる	・ソースコードのコーディング後にリバースで作成するソフトウェア詳細設計書 ・ソフトウェアアーキテクチャ設計とソフトウェア詳細設計が不整合 ・ソフトウェア詳細設計レベルでの分析不足

	SWE.3 02 ソフトウェア詳細設計からダイレクトにソースコードを生成するモデルベース開発手法を適用し、コーディングミスによる手戻りを防ぐ。	・バグの多いソースコード ・ソースコードに対する過剰なレビュー時間
価値の流れ (Value Stream)	SWE.3 03 ソフトウェア要求とソフトウェアアーキテクチャの変更の際には、トレーサビリティを活用して変更すべきソフトウェアユニットをすべて抽出し、ソフトウェア詳細設計書に基づいてソフトウェアユニット変更の内容、規模、難易度を分析する。次に分析結果から、効果的かつ効率的に作業を進めるため、担当者の力量を考慮してソフトウェアユニットの変更を担うエンジニアを割り当てる。さらに変更の内容と難易度に合わせて、ソフトウェアユニットのレビューを担うエンジニアを割り当て、その結果および変更内容を関係者へ伝達する。	・変更を担うエンジニアとレビューを担うエンジニアの力量不足
	SWE.3 04 ソフトウェア詳細設計書の設計を担当するエンジニアとソースコードのコーディングを担当するエンジニアは、思い込みによるソースコードのコーディングを防ぐため、別々に割り当てる。	・詳細設計を担当するエンジニアとソースコードのコーディングを担当するエンジニアが同一要員 ・担当者の思い込みによるユニット構築
	SWE.3 05 ソフトウェア要求分析、ソフトウェアアーキテクチャ設計、およびソフトウェア詳細設計の各工程の作業成果物を1回の流れで仕上げるのではなく、これらの工程を一連のアクティビティとしてあらかじめ計画し、意図的にイテレーションを回して、段階的にソフトウェア詳細設計の作業成果物を仕上げる。意図的にイテレーションを回すことにより、計画的に視点の異なる作業を交互に複数回繰り返すことができ、作業成果物の不備に気づく機会を増やせる。	・要求が定まらない状況で適用されるウォーターフォール開発
流れ (Flow)	SWE.3 06 ソフトウェア要求から直接ソースコードをコー	・ソフトウェア要求のみに基づくコーディング

	ディングするのではなく、ソースコードをコーディングする上での理解性（機能の分かりやすさ）と保守性（変更部と非変更部の識別）を考慮した具体的なソフトウェアアーキテクチャ（ソフトウェア詳細設計書）を作成し、レビューにて確認して、ソースコードのコーディングに用いる。	・ソースコードのみによる実装機能の理解
	SWE.3 07 ソースコードの可読性と理解性を高めるためにコーディングの体裁ルールを定義し、コーディングスタイル自動整形ツール（インデント、ネスト整形）を用いてソースコードの体裁ルールどおりに整える。	・可読性と理解性の悪いソースコード
	SWE.3 08 ソフトウェア詳細設計を担当するエンジニアとソースコードのコーディングを担当するエンジニアが別々に割り当てられている場合には、ソースコードのコーディングを担当するエンジニアは、ソフトウェア詳細設計書に沿ってコーディングする際の不明点について、ソフトウェア詳細設計を担当するエンジニアに適宜確認する。また、ソフトウェア詳細設計書の意図がソースコードに正しく反映されているかを一貫性の観点にて確認するため、ソフトウェア詳細設計を担当するエンジニアはソースコードレビューに参加する。	・担当者の思い込みによるユニット構築
引き込み (Pull)	SWE.3 09 ソフトウェア要求の導出元となるシステム要求の目的と背景を理解することで、ソフトウェア要求の意図を正しく汲み取り（例えば、機能の運用環境を把握する）、機能の使用性などの品質特性を考慮したソフトウェア詳細設計およびユニット構築を行う。	・システム要求の理解不足
	SWE.3 10 ソフトウェア要求の変更時に変更の目的と背景を入手することで、ソフトウェア要求の変更に関する理解を深めることができ、設計に必要となる的確な情報をソフトウェア詳細設計書に記載することができる。	・ソフトウェア詳細設計書の不備（必要内容の記載モレ）

	SWE.3 11 ソフトウェアアーキテクチャ設計の静的な構造図および動的な振る舞い図に整合するようにソフトウェア詳細設計の静的な構造図および動的な振る舞い図を記述することで、ソフトウェアアーキテクチャ設計とソフトウェア詳細設計との関係を検証しやすくなり、ソフトウェア詳細設計の定義および更新について関係者の合意を取りやすくなる。	・ソフトウェアアーキテクチャ設計とソフトウェア詳細設計の関係が不明確
完璧 (Perfection)	SWE.3 12 ソースコードのコーディングを担当するエンジニアが均一な品質レベルのソースコードをコーディングできるように、コーディングルールの定期的な勉強会の開催および他のエンジニアが記述したソースコードを読み込む機会を設けることで組織および担当者の力量アップを図る。	・可読性の悪いソースコード ・担当者の力量不足
	SWE.3 13 ソースコードのコーディングを担当するエンジニアは、組織のコーディングルールに基づいて他のエンジニアと共同でコーディングを行い、可読性を向上させる。相互確認を行う中で、コーディングルールの見直しが必要と判断したときには、コーディングルールの見直しを図る。	・可読性の悪いソースコード ・効果の低いコーディングルール
敬意 (Respect for People)	SWE.3 14 コーディングテクニックを駆使した特定個人の力量に依存するソースコードを適用するのではなく、組織全体の可読性（関係者の力量レベル）を考慮したソースコードを適用するために、組織力が最大限に発揮できるコーディングルールを組織の力量に合わせて定義する。	・可読性の悪いソースコード
	SWE.3 15 ソフトウェア詳細設計書および可読性の高いソースコードを記述できる力量を有する担当者は、そのノウハウを組織の関係者へ伝授するための知識の体系化に尽力するとともに、定期的に勉強会などを開催して組織力の向上に貢献する。	・担当者の力量不足 ・可読性の悪い詳細設計書 ・可読性の悪いソースコード

5.11　SWE.4 の LEfAS

SWE.4 プロセスの価値は次のとおりである。

プロセスの価値：ソフトウェア要求とソフトウェアアーキテクチャ設計から展開されたソフトウェア詳細設計およびユニット構築が正しく実装できているかを検証し、検証されたソフトウェアユニットをソフトウェア統合に確実に引き渡す。

Automotive SPICE® のプロセス参照モデルを適用する際に Lean Thinking の側面を補足するため、SWE.4 プロセスの目的（Automotive SPICE® の定義を参照）およびプロセスの価値に基づき、SWE.4 の LEfAS を表 4-2 の 6 分類項目に従い表 5-12 に記述する。尚、SWE.4 の LEfAS としては、Automotive SPICE® v4.0 の検証の一部であるテストへの対処を記述している。

表 5-12　SWE.4 プロセスの LEfAS

分類名称	Lean Enabler	ムダを誘発する要因
価値 (Value)	SWE.4 01 ソフトウェア詳細設計書にてユニット間の関係および影響範囲を理解した上で、ユニットのインタフェース、設定値、割り込みなどの詳細設計の内容を抽出して、テストケースを網羅的に洗い出し、ソフトウェアユニットを検証する。	・プロジェクト目標の理解不足 ・関係するユニットの理解不足
	SWE.4 02 ソフトウェアユニット検証では、検証の目的に応じて、例えば次のテストが考慮される。 ・ユニットの機能テスト ・ユニット内のインタフェーステスト ・データ構造のテスト ・命令、分岐、条件のカバレッジテスト これらのテストケースを検証の目的ごとに整理しておくことで、ソフトウェア要求およびソフトウェアアーキテクチャ設計の変更に伴い新たなテストケースを作成する際、重複したテストケースを作成しないように効率的なテストケースの作成に役立てる。	・重複したテストケースの導出

価値の流れ(Value Stream)	SWE.4 03 ソフトウェアユニット検証の実施に必要な開発環境を確保する際は、調整、借用、購入による開発環境の整備を計画し、必要なタイミングで確実に使用できるようにする。調整による開発環境の整備を優先的に検討し、過剰な開発環境の維持コストがかからないようにする。	・組織的な開発環境の未整備または非維持 ・組織またはプロジェクト間での開発環境の未共有
	SWE.4 04 製品および／またはサービスに要求される品質特性（安全性、セキュリティなど）を踏まえ、各々のソフトウェアユニットに求められる適切な検証方法（コードレビュー、コードインスペクション、ステートメントカバレッジ、MC/DC カバレッジなど）を決定し、過不足の無い検証計画を作成する。	・求められる品質特性を考慮していない検証計画
	SWE.4 05 ソフトウェアユニット間のインタフェースを検証するソフトウェア統合検証の統合順序に合わせて、必要となるソフトウェアユニットを優先的に検証して後工程に引き渡すためのソフトウェアユニット検証計画を策定する。これにより、後工程で特定のソフトウェアユニットを検証するためだけに必要となるムダな疑似開発環境（スタブ作成など）の準備が不要となり、後工程の効率化に寄与できる。	・後工程を考慮しない自工程の計画策定
流れ(Flow)	SWE.4 06 ソフトウェアユニットの実装の確からしさを第３者に説明するのは容易ではない。ソフトウェア詳細設計に落とし込まれたソフトウェア機能要求、およびソフトウェア非機能要求の双方がモレなくソフトウェアユニットに反映され検証されていることを第３者に説明するために、少なくとも「ソフトウェアユニット検証仕様」と「ソフトウェア詳細設計（ソフトウェアユニット)」、および「ソフトウェアユニット検証仕様」と「検証結果」との間の双方向トレーサビリティを確立する。	・トレーサビリティ方法の検討不足 ・「ソフトウェア詳細設計」と「ソフトウェアユニットおよび検証結果」との間のトレーサビリティ不備

	SWE.4 07 ソフトウェアユニット検証の状況（進捗、不具合検出率、課題など）をリアルタイムに監視し、プロジェクト内で共有する。これにより、SWE.5領域の工程の関係者は検証スケジュールへの影響を判断し、不測の事態に備えることができる。	・検証の進捗状況共有不足
	SWE.4 08 効率のよいソースコードレビューを行うためには、ソースコードがソフトウェア詳細設計書に整合していることを確認する前に、コーディングルールの逸脱箇所と逸脱内容を分析するツールを用いてソースコードの不具合を検出する。	・レビュー不足のソースコード
引き込み (Pull)	SWE.4 09 ソフトウェアユニットの静的検証時に出力される記録の扱い方（一括で圧縮、報告書内に検証結果のリンクを貼るなど）を計画段階で取り決めておくことで、記録の保管モレおよび保管状態の不統一を防止でき、ソフトウェアユニットと検証結果のトレースに役立てる。	・記録方法が未定義
完璧 (Perfection)	SWE.4 10 ソフトウェアユニット検証に関係する業界動向情報（他社での検証実施状況など）に加え、新たな静的検証ツールおよびコーディングガイドラインなどの検証技法の情報を収集する。入手した情報は検証のための開発環境構築に役立てる。	・情報収集活動の必要性を理解していない管理者 ・検証を担うエンジニアの自発的活動意欲の無さ
	SWE.4 11 ソフトウェアユニットの検証はIoTを活用することで、遠隔化、自動化、仮想化の要素を組み合わせた効果的かつ効率的な検証が可能となる。例えば、リモートで利用できる開発環境を整えることで場所を選ばずに検証したり、自動でビルド&テストするツールを活用して回帰テストを実施したり、商用市販品を用いた擬似ECUを活用した安価な設備でテストを実施したりすることができる。	・評価に対する最新情報の収集不足 ・作業効率を意識しない管理者

敬意 (Respect for People)	SWE.4 12 ソフトウェアユニット検証に関する力量として何が必要なのかを識別し、プロジェクト間で共通に必要な力量については、ツールベンダーによるツールトレーニングの活用など、組織としてのトレーニング活動を計画し提供する。また、プロジェクト内で力量不足を補うトレーニングを計画し提供できない場合には、他のプロジェクトと連携したトレーニングを計画して提供する。	・担当者の力量習得ニーズにタイムリーに応えられない管理者
	SWE.4 13 組織に新たに配属された担当者にソフトウェアユニット検証を割り当てる場合、その工程の作業を効果的かつ効率的に実施するために、次の工程となるSWE.5領域または前の工程となるSWE.3領域にて経験を積む機会を設ける。これにより、前後の工程を含む全体最適につながるソフトウェアユニット検証の実施が可能となる。	・単一工程の固定作業 ・力量向上トレーニングの未計画

5.12　SWE.5 の LEfAS

SWE.5 プロセスの価値は次のとおりである。

プロセスの価値：ソフトウェアユニットを段階的に統合し、統合したソフトウェアがインタフェースを含むソフトウェアアーキテクチャ設計の意図を正しく実現できていることを検証し、確実にソフトウェア要求のテストに引き渡す。

Automotive SPICE® のプロセス参照モデルを適用する際に Lean Thinking の側面を補足するため、SWE.5 プロセスの目的（Automotive SPICE® の定義を参照）およびプロセスの価値に基づき、SWE.5 の LEfAS を表 4-2 の 6 分類項目に従い表 5-13 に記述する。尚、SWE.5 の LEfAS としては、Automotive SPICE® v4.0 の検証の一部であるテストへの対処を記述している。

表 5-13　SWE.5 プロセスの LEfAS

分類名称	Lean Enabler	ムダを誘発する要因
価値 (Value)	SWE.5 01 ソフトウェアユニットの統合はプロジェクトの QCD 目標を考慮して、完全な統合ソフトウェアになるまで、リスクの高いところから統合する、入力データ側からインタフェース順に統合するなど、効率よく統合することで、待ち時間および重複した検証を回避する。	・プロジェクトの目標および計画に合っていないソフトウェア統合順序
	SWE.5 02 ソフトウェア統合検証仕様を検討する際は、ソフトウェアアーキテクチャ設計の構成要素が持つ機能、構成要素間のインタフェース、制御フロー／データフローおよび状態遷移を考慮したテストケースを体系的に導出し、統合検証仕様を作成する。これらのテストケースをモレなくテストすることで、コンポーネントおよび統合ソフトウェアのインタフェースを確実に検証する。	・ソフトウェアアーキテクチャ設計に基づいていないテストケース ・網羅性を確認していないテストケース
価値の流れ (Value Stream)	SWE.5 03 ソフトウェア統合検証を効率的に実施するための開発環境が計測器の不足、計測器の未校正などに	・組織的な開発環境の未整備または非維持 ・組織またはプロジェク

	より使用できないことがないように、調整、借用、購入による開発環境の整備を計画し、必要なタイミングで確実に使用できるようにする。調整による開発環境の整備を優先的に検討し、過剰な開発環境の維持コストがかからないようにする。	ト間での開発環境の未共有
	SWE.5 04 ソフトウェア要求数またはソフトウェア開発規模（KLOC）に対するテストケース数およびバグ検出数を組織目標およびプロジェクト目標からプロセス実施の目標として策定する際は、過去の実績データを分析し、スケジュール、コスト、新技術などのプロジェクトの特性を考慮した上で目標を策定し、品質保証関係者と合意する。	・過去の実績（テストケース数、開発規模、バグ検出数）が活用されない組織風土
	SWE.5 05 テストケース数とソフトウェアリリース日からソフトウェア統合検証計画を作成する際には、過去の実績もしくは類似プロジェクトを参考にし、日々の検証実施目標値を定めてから計画を作成する。この検証実施目標値は、ソフトウェア統合検証の進捗監視に役立てることができる。	・定量的に監視できない統合検証スケジュール
流れ （Flow）	SWE.5 06 回帰テストのテストケースは、意図して変更していない部分がデグレードしていないことを効果的に確認するために、変更要求に基づいて変更した部分（直接的に影響を受ける部分）から間接的に影響を受ける部分を識別して優先的に実施することで、回帰テストを効果的に行う。 ※変更要求に基づいて変更した部分から直接的に影響を受ける部分については、回帰テストではなく、ソフトウェア要求ベーステストにて実施する。	・変更に関する影響範囲の理解不足
	SWE.5 07 ソフトウェア統合検証の状況（進捗、不具合検出率、課題など）をリアルタイムに監視し、進捗会議出席、進捗レポート展開、不具合管理システムおよび課題管理システムの公開などにより、SWE.6 領域の工程の関係者と共有する。これに	・検証の進捗状況共有不足

	より、ソフトウェア要求の検証スケジュールへの影響を判断し、不測の事態に備えることができる。	
	SWE.5 08 ソフトウェアインタフェースの実装の確からしさを第３者に説明するのは容易ではない。ソフトウェア統合およびソフトウェア統合検証の各作業成果物の間の双方向トレーサビリティを確立することで、インタフェースが正しく実装されていることを第３者に説明しやすくなる。例えば、トレーサビリティマトリクスを用いて「ソフトウェアアーキテクチャ設計」および「ソフトウェア詳細設計」の動的／静的側面と「ソフトウェア統合検証仕様のテストケース」、および「ソフトウェア統合検証仕様のテストケース」と「ソフトウェア統合検証結果」との間のトレース関係を可視化することで、関係性にモレがないことを示すことができる。	・トレーサビリティの仕組みが提供されていない ・トレーサビリティの有効性が認識できていない
	SWE.5 09 検証を担うエンジニアは、設計変更時のソフトウェア統合検証の検証項目とテストケースを検討するにあたり、変更内容がどのソフトウェア要求およびソフトウェアアーキテクチャの構成要素に影響を与えるのかを把握するための分析に参加する。検証を担うエンジニアは、設計情報、影響分析結果、シミュレーション結果を踏まえて、どの検証項目とテストケースに影響を与えるかを見極め、その内容を利害関係者と合意し、過不足のないソフトウェア統合検証のテストケースを抽出し検証する。	・テストケース抽出の過不足
	SWE.5 10 ソフトウェア統合およびソフトウェア統合検証に必要な情報（ツール名称、バージョンなど）と設備を構成管理の対象として管理しておくことで、回帰テストもしくは不具合時の再現検証に役立てる。	・ソフトウェア統合のための開発環境が特定できない

引き込み (Pull)	SWE.5 11 ソフトウェア詳細設計書およびソフトウェアアーキテクチャ設計書からソフトウェア統合検証のテストケースを導出する際に、テストケースを作成できない仕様（INPUTされるデータ数値が正常／異常、最大値／最小値、境界値、NULL値が抽出できないなど）が見つかった場合、またはソフトウェア詳細設計書およびソフトウェアアーキテクチャ設計書の記載内容が読み手によって齟齬（仕様の理解もしくは解釈の間違え）を生じさせる場合は、ソフトウェア詳細設計工程およびソフトウェアアーキテクチャ設計工程へのフィードバック（設計書の記載内容の改善）を確実に行うために、ソフトウェア詳細設計およびソフトウェアアーキテクチャ設計を担うエンジニアと直接やり取りできるコミュニケーションを確立する。	・関係する工程間のコミュニケーションがない ・ソフトウェア詳細設計書またはソフトウェアアーキテクチャ設計書の記載が不明確
	SWE.5 12 ソフトウェア詳細設計およびソフトウェアアーキテクチャ設計のインタフェースとソフトウェア統合検証のテストケースとの関係がトレーサビリティによって識別できると、インタフェース変更時の影響範囲が特定でき、インタフェースの変化点からソフトウェア統合検証で実施すべきテストケースが特定できるため、工数見積もりの把握に役立つ。	・不十分なトレーサビリティ
完璧 (Perfection)	SWE.5 13 ソフトウェア統合検証仕様書に不具合が発見された場合には、同一のソフトウェア統合検証仕様書を流用している製品および／またはサービス（開発完了しているものも含む）を特定し、ソフトウェア統合検証仕様書を改版できる仕組み（作業成果物の管理責任者の特定を含む構成管理および変更管理）を組織として確立することで、仕様書の不具合連鎖を止める。	・流用したテストケースの不具合範囲を特定できない ・作業成果物の管理責任者が曖昧
	SWE.5 14 ソフトウェア統合検証の設備として、作業スペー	・劣悪な作業環境

	スが確保されている、作業方法が快適であるなど、検証作業のしやすい作業環境を用意し、日々の5S（整理、整頓、清掃、清潔、躾）を継続してソフトウェア統合検証の作業性向上につなげる。	
敬意 (Respect for People)	SWE.5 15 組織またはプロジェクトは、検証の開発環境を初めて使うエンジニアに、手順書のみを使ったトレーニングだけでなく、実際の検証設備を使ったトレーニングを行うことで、検証を担うエンジニアの思い込みと認識違いを解消し、検証手順の正しい理解の浸透を図る。また、検証設備の運用をとおして得た注意点などをノウハウとして記録し、トレーニングに役立てる。	・開発環境を構築する際のノウハウが伝授されない
	SWE.5 16 ソフトウェア統合の際、特定の人にしか統合できないような状況にせず、統合を担うすべてのエンジニアがストレスなく統合できるように、ソフトウェア統合開始前に統合するユニットおよび統合で使われるツール（コンパイラ、リンカ等）の保管場所を周知し、ツールを用いたユニット統合の手順ガイドを利用者が閲覧できるように準備しておく。これは検証の自動化によるソフトウェア統合検証環境を構築することでも実現できる。	・ソフトウェア統合のための開発環境が特定できない

5.13　SWE.6 の LEfAS

SWE.6 プロセスの価値は次のとおりである。

プロセスの価値：すべてを統合したソフトウェアに対するソフトウェア要求の検証（回帰テストを含む）を行うことによって、利害関係者に検証の合否と証拠を示す。

Automotive SPICE® のプロセス参照モデルを適用する際に Lean Thinking の側面を補足するため、SWE.6 プロセスの目的（Automotive SPICE® の定義を参照）およびプロセスの価値に基づき、SWE.6 の LEfAS を表 4-2 の 6 分類項目に従い表 5-14 に記述する。尚、SWE.6 の LEfAS としては、Automotive SPICE® v4.0 の検証の一部であるテストへの対処を記述している。

表 5-14　SWE.6 プロセスの LEfAS

分類名称	Lean Enabler	ムダを誘発する要因
価値 (Value)	SWE.6 01 プロジェクト計画で利害関係者と合意したソフトウェアリリースを確実にするため、派生開発ではソフトウェア要求の新規追加を含む変更点に着目して影響分析を実施し、ソフトウェア要求の変更点に対する要求ベーステストおよび変更していない部位に対する回帰テストのために過不足の無いソフトウェア要求の検証仕様（テストケースを含む）を作成し実施する。	・実施すべきソフトウェア要求の検証仕様（テストケース含む）の過不足 ・テストケースの記述不足（不正確、不十分、不明瞭） ・未変更部位のデグレード未確認
	SWE.6 02 ソフトウェア要求の検証仕様（テストケースを含む）作成にあたっては、自動車ドメインの機能安全規格（ISO 26262）およびサイバーセキュリティ規格（ISO/SAE 21434）などのソフトウェア検証に関する規格要求を参考にすることができる。	・実施すべきソフトウェア要求の検証仕様（テストケース含む）の過不足 ・業界標準規格に基づくソフトウェア検証の考慮不足
	SWE.6 03 ソフトウェア要求に新規採用された技術（とくに、最先端の技術 :state of the art）、ハードウェア部品、アルゴリズムに関する情報が含まれる場合には、ソフトウェア要求の検証実施にあた	・実施すべきソフトウェア要求の検証仕様（テストケース含む）の過不足

	り、事前に実施された実現可能性の評価結果（インスペクション、シミュレーション、デモンストレーションなど）を参照し、回帰テストを含むソフトウェア要求の検証仕様作成に役立てる。	
価値の流れ（Value Stream）	SWE.6 04 プロジェクトのソフトウェアリリースの回数とタイミングをプロジェクトの開始時に発注者またはシステム担当者と合意し、各々のソフトウェアリリースを確実にするためのソフトウェア要求の検証方法を立案する。立案にはソフトウェア仕様の変更に基づく影響の範囲と規模を見積もり、回帰テストを含むソフトウェア要求の過不足のない検証実施を計画する。	・検証計画策定に必要な利害関係者要求の考慮不足
	SWE.6 05 ソフトウェア要求の変更点に対するテストと回帰テストの順序は、必ずしもシーケンシャルに実施する必要はないため、空いている検証設備をフルに活用して稼働率が上がるように双方のテストを効率よく実施する。検証設備の稼働率を意識してソフトウェアリリースの合意日にリリースできるように検証の実施計画を作成する。	・検証設備の稼働率を考慮しないで作成した計画
	SWE.6 06 ソフトウェア要求の検証仕様作成に影響を及ぼすソフトウェア要求の変更（追加を含む）のデッドラインだけでなく、ソフトウェア要求の検証実施のためのソフトウェア要求の検証仕様変更（追加を含む）のデッドラインについても、プロジェクトで利用できるリソースを考慮して関係する組織および／または担当者と調整し合意する。	・不十分な検証設備および検証要員に基づく計画
流れ（Flow）	SWE.6 07 回帰テストを効率的に実施するために、すべてのソフトウェア要求とソフトウェア要求のテストケースとの間の双方向トレーサビリティを確保し管理しておく。回帰テストの実施時には、変更要求に基づいて変更した部分（直接的に影響を受ける部分）から間接的に影響を受ける部分を識別し	・実施すべきソフトウェア要求の検証仕様（テストケース含む）の過不足

	て優先的に実施するなどして、回帰テストを効率的に行う。また、リリース時に確認が必要なテストケース一式をツールによる自動テストで実施し、その結果をツールにて関係者に自動配信するなども効率的な回帰テストの運用となる。 ※変更要求に基づいて変更した部分から直接的に影響を受ける部分については、回帰テストとは区別してソフトウェア要求ベーステストにて実施する。	
	SWE.6 08 回帰テストを含むソフトウェア要求の検証実施は、効率のよい検証が実施できるよう、個々のテストケースをシナリオのように組み合わせ、一連のテストパターンとして連続的に実施する（1つのテストパターンで複数のテストケースを実施）などの工夫をする。	・実施すべきソフトウェア要求の検証仕様（テストケース含む）の過不足
	SWE.6 09 ソフトウェア要求の検証仕様(テストケース含む)につながる作業成果物（ソフトウェア要求、ソフトウェアアーキテクチャ、検証結果）との間の双方向トレーサビリティを確立する。これにより、ソフトウェア要求変更時のソフトウェア検証仕様（テストケース含む）の変更要否とソフトウェア要求の検証実施の要否が判断しやすくなる。	・トレーサビリティの不適切な紐づけ粒度 ・トレーサビリティの未保守
引き込み（Pull）	SWE.6 10 SWE.5 領域の工程にて、一気にすべてのユニットを統合したビッグバンテストが実施されると、SWE.5 領域の工程と SWE.6 領域の工程の検証対象が同じになり、段階的な検証が効果的に実施されていないことになる。ソフトウェア要求の検証実施前に SWE.5 領域の工程の検証にて、欠陥部位の特定を困難にするビッグバンテストが実施されていなかったか、実施すべきすべてのソフトウェア統合検証の実施状況とそれらの結果を確認する。また、ソフトウェア要求の検証で不合格となった事項については、実施すべきソフトウェア	・実施すべきソフトウェア要求の検証仕様（テストケース含む）の過不足

	ユニットの検証およびソフトウェア統合検証の実施が十分であったかを調査し、不合格となった原因を網羅的に分析する。	
	SWE.6 11 ベースライン化された過不足の無いソフトウェア要求の検証仕様一式（テストケースを含む）の受け渡しに間違いが起きない授受しやすい方法で、決められた期日までに検証実施者に引き渡せるように準備する。間違いが起きない授受しやすい方法については、少なくとも受け取り側の利便性が配慮されている必要があるため、その方法を双方で合意する。間違いが起きにくく授受しやすい例としては、テストケースを管理するツールから適用するテストケースを選択してテストケース一覧表を作成し、テストケース一覧表を一意に特定できる（対象製品、リリースタイミング、バージョンなどが識別可能）名称にして引き渡す方法がある。	・実施すべきソフトウェア要求の検証仕様（テストケース含む）の過不足
完璧 (Perfection)	SWE.6 12 ソフトウェア要求の検証仕様の作成を担当するエンジニアは、ソフトウェア要求の検証仕様を効果的かつ効率的に定義するために、ソフトウェア要求の検証を担当するエンジニアが困っていることを吸い上げて要因を分析する。分析結果に基づいた解決策（ソフトウェア要求の検証仕様を定義する際の留意点）を講ずることで、よりよいソフトウェア要求の検証仕様作成に役立てる。例えば、困っている要因を分析するためのツールには「QC7 つ道具の特性要因図、ヒストグラムの他、なぜなぜ分析」がある。	・非効率なプロセスに関心のない組織 ・非効率な開発環境に関心のない組織 ・非効率な開発環境の放置
敬意 (Respect for People)	SWE.6 13 SWE.6 領域の工程でソフトウェア要求の検証仕様作成を担うエンジニアは、SWE.1 領域の工程でソフトウェア要求の定義を担うエンジニア、SWE.2 領域の工程でソフトウェアアーキテクチャ設計を担うエンジニア、および SWE.6 領域	・利害関係者間の不十分なコミュニケーション ・利害関係者間の険悪な人間関係

	の工程でソフトウェア要求の検証を担うエンジニアとの間で、良好なコミュニケーションが取れる関係を築く。良好なコミュニケーションが取れる関係の構築は、メールによるコミュニケーションだけでなく、面直あるいは電話といった手段を活用し、相手の声および仕草に現れる僅かな変化を捉えて真意を汲み取りながら、適切な対応を心がける。	

5.14　SUP.1 の LEfAS

SUP.1 プロセスの価値は次のとおりである。

プロセスの価値：製品および／またはサービスの品質を専門性のある第３者の立場から根拠を持って保証し、逸脱事項については最後まで是正を監視することで、ユーザーが期待する品質を実現する。また、検出された逸脱事項の対応から開発現場の品質に対するプロセス改善の機会を提供する。

Automotive SPICE® のプロセス参照モデルを適用する際に Lean Thinking の側面を補足するため、SUP.1 プロセスの目的（Automotive SPICE® の定義を参照）およびプロセスの価値に基づき、SUP.1 の LEfAS を表 4-2 の 6 分類項目に従い表 5-15 に記述する。

表 5-15　SUP.1 プロセスの LEfAS

分類名称	Lean Enabler	ムダを誘発する要因
価値 (Value)	SUP.1 01 製品および／またはサービスの品質を保証するために、どのような品質保証活動と品質記録が必要なのかを検討して戦略を立て、利害関係者が品質記録を最大限に活用できるように最適なタイミングで品質保証活動を行う。最適なタイミングは、製品の規模および新規性の有無などによって異なる。例えば、派生開発での小変更の場合には、開発部門が発注者に提出する品質記録に必要な報告事項が不足なく揃うタイミングで品質保証活動を行う。品質保証活動の結果として品質記録を作成し、要求された品質が達成されている確証として情報伝達窓口から利害関係者に提供する。	・過不足のある品質データおよび情報 ・品質保証活動内容の理解不足 ・開発活動の作業成果物が揃わないタイミングでの形骸的な品質保証活動
	SUP.1 02 組織で開発している製品および／またはサービスに対する品質保証活動で検出された不適合事項を集計し、傾向分析結果を組織で共有することで、プロジェクト単体だけでなく組織全体の品質向上活動に役立てる。	・組織またはプロジェクトでの根拠のない形骸的な改善活動

	SUP.1 03 不具合または逸脱といった不適合事項が発見された場合には、同一事項の再発防止だけでなく類似事項の未然防止の観点を含めて対策を検討する。対策を実行する前にQCDの観点でトレードオフを検討した上で対策を決定し、最大限の効果が得られるタイミングで対策を実行する。	・戦略または方針のない活動 ・誤った対策の適用
	SUP.1 04 製品および／またはサービスの品質を評価する際には、その製品に要求される品質特性に合わせて、品質基準を定義する。例えば、対象製品が機能安全の対象となる場合、自動車機能安全のASILランクがBであれば、標準の品質基準に加えて、ISO 26262で要求されるASIL Bの“++”の項目を品質基準の対象に含めて作業成果物を評価する。機能安全のASILランクがQMであれば、既存の品質管理の品質基準で作業成果物を評価する。	・設計要求に対して、品質基準の内容が一律である ・信頼性以外の品質基準が含まれていない
価値の流れ(Value Stream)	SUP.1 05 品質保証活動は、組織で取り決めたすべての活動をすべてのプロジェクトのすべての開発段階（試作、量産など）に無暗に実施するのではなく、製品および／またはサービスの特徴、およびプロジェクトの特異性（難易度、重要度、新規性など）を考慮したテーラリング基準を定義し活用して品質保証活動を計画する。	・テーラリングが容易に実施できないプロセス ・テーラリングの適用範囲が小さいプロセス
	SUP.1 06 品質保証活動の計画は、品質保証を担当する部門だけで作成するのではなく、開発部門から聞き取った要望（品質目標の達成状況の判断、製品および／またはサービスの第3者の立場からの評価、および品質保証活動の振り返りなど）が品質保証計画に組み込まれているかを確認し、主な利害関係者と調整して計画を合意する。	・不完全な（曖昧および／または不足した）品質保証計画
	SUP.1 07 品質保証活動に用いる品質データは、開発工程を	・不完全な（曖昧および／または不足した）品

	担当するエンジニアに負担をかけないように自動で収集できるシステムを用意する。その際、品質データを登録するシステムのユーザビリティに問題がないか（実施項目が選択式になっているか、登録フローが提供されているか、ヘルプ機能が提供されているかなど）を運用前に確認し、必要に応じて是正する。	質データ実績の管理 ・開発工程を担当するエンジニアの負担を考慮していない品質データ収集方法
	SUP.1 08 品質保証活動の担当者が変わった場合、または品質保証活動の対象プロジェクトが変わった場合にも、組織として一定レベルの品質保証活動を維持できるように、品質保証活動の標準化／共通化箇所（品質データ集計、グラフ作成、情報展開など）を見極めて自動化する。	・自動化の未検討による手作業の対応
	SUP.1 09 製品および／またはサービスの品質を評価する際には、開発の初期段階に、開発難易度（新規開発、実績のある既存設計の再利用など）を分析し、難易度に応じた品質評価基準を適用する。例えば、難易度が低い場合（実績のある既存設計の再利用）には、それに合わせて品質基準の確認項目を限定し、監視の頻度を少なくして（月に1度、特定の作業成果物の進捗確認に絞って監視するなど）作業成果物を評価する。難易度が高い場合（新規開発など）は、品質基準の確認項目を体系的に適用し、監視の頻度も増やして（週に1度、早期にエスカレーションすべき問題が発生していないかを確認するなど）作業成果物を評価する。	・設計要求に対して、常に品質基準の内容が一定 ・信頼性以外の品質基準が含まれていない
	SUP.1 10 製品および／またはサービスの品質を評価する際には、開発工程を担当するエンジニアと品質保証の担当者との間で適用すべき品質基準の認識を合わせる。認識を合わせるために開発工程を担当するエンジニアからはプロジェクトの特徴および目標、発注者の期待および合意事項を共有し、品質保証の担当者からは品質保証活動の傾向から把握	・開発工程を担当するエンジニアと品質保証の担当者との間で共有されない品質評価基準 ・プロジェクトの特性が考慮されず画一化した品質評価基準

	された重点項目などを共有する。これらの活動によって、両者の認識が合っていないことから生じる作業および作業成果物の過不足を抑制することができる。	
流れ (Flow)	SUP.1 11 品質保証を担当する部門が品質保証活動を効果的に実施するためには、定期的な会議体だけでなく、プロジェクトの状況変化（変更要求の発生および不具合の多発など）をタイムリーに把握できるよう、積極的に開発現場に足を運び、開発部門の担当者とコミュニケーションをとる。	・プロジェクト状況の情報収集不足
	SUP.1 12 製品および／またはサービスの開発に関する品質データ、逸脱事項、是正内容（誰が、いつまでに、何を実施するかなど）を管理する場合は、是正指摘者と指摘対応者が実施内容を共有した上で、管理の仕組みに是正事項を登録し、進捗状況（ステータスを含む）を見える化して、処理完了まで追跡できるようにする。	・品質データの未活用
	SUP.1 13 製品および／またはサービスの開発に対する不適合事項の是正は、タイミング（現在のリリース、次のリリースなど）が適切であるか、開発現場が過度な負担なく品質を確保できるかを検討した上で実施し、再発防止活動および未然防止活動への展開を図る。	・プロジェクトの状況およびプロジェクトを取り巻く環境の理解不足
	SUP.1 14 不適合事項は、むやみにすべての関係者にエスカレーションするのではなく、不適合の内容、利害関係者への影響度、手戻りコスト、および開発種別（メカニカル、ソフトウェア、ハードウェアなど）を考慮して関係者を選定し、過不足のないエスカレーションを実施する。	・不適合内容に整合した適切なエスカレーション先およびルートの未選定
引き込み (Pull)	SUP.1 15 製品および／またはサービスの開発に対する品質データを正確かつ効率よく収集し分析するため	・データ登録者からのフィードバック未実施 ・データ有効率の未把握

	に、収集方法はわかりやすく使いやすい仕組みにする。例えば、収集するデータの有効率を上げるため、データ登録者の意見およびデータ登録に起因するデータ収集トラブルの傾向分析をおこない、データの登録ミスが起きないように入力禁止条件を工夫する、あるいはデータ分析が容易になるように項目メニューを選択方式にするなど、わかりやすく使いやすいデータ収集の仕組みにする。	（無効データの未把握） ・有効データの欠損
	SUP.1 16 製品および／またはサービスの開発に対して、プロセスまたは作業成果物に逸脱事項があった場合には、是正処置による利害関係者のメリット（手戻り工数が最小、影響範囲が最小など）が最大となる最適な是正処置のタイミングを利害関係者から聞き取り、そのタイミングに間に合うよう逸脱事項に関する報告を品質保証の担当窓口から逸脱事項を起こした部署に展開する。	・品質分析手段の不足（インタビューする機会がなく、データと文書のみで判断するなど）
	SUP.1 17 製品および／またはサービスの開発に対して、品質分析の結果（品質の良し悪し）に懸念がある場合には、品質保証を担当する部門は分析結果の確証を得るために開発現場とのコミュニケーション（質問票を出す、分析結果の合同確認の場を設けるなど）によって開発現場の見解を確認する。確認結果は品質分析結果に反映させる。	・開発部門と品質保証を担当する部門とのコミュニケーション不足
完璧 (Perfection)	SUP.1 18 製品および／またはサービスの開発に対して実施した品質保証活動について、品質保証の目標と実績から効果的な活動となっているかを客観的に判断するため、自組織外からの評価を受ける。また、自組織外からの評価結果と顧客のアンケート結果（満足度など）をもとに、的確性のある振り返りと品質保証活動の見直しを行い、次の品質保証活動計画に組み込む。	・品質保証活動を見直すための客観的視点の欠如

	SUP.1 19 品質データ収集の仕組み（データベースにデータを登録する、チケットにデータを登録するなど）を運用中に、データの登録者が入力トラブル（入力値範囲外、未入力、選択ミスなど）に直面した場合、登録者が操作ミスの要因を認識して自己解決ができる仕組み（ほかの資料を見に行かなくても仕組み上でエラー箇所および回避策が表示されるため自律的に解決できるなど）にする。	・複雑な開発支援環境 ・利用者目線になっていない開発支援環境
敬意 (Respect for People)	SUP.1 20 品質保証を担当する部門は、品質保証担当者の力量に応じた品質保証活動に担当者を配置（派生開発のベースとなるプロジェクトは、開発プロセスおよび作業成果物の品質見解が的確に述べられる経験豊富な品質保証担当者とするなど）し、適材適所で個人の力量を最大限に発揮させる。さらに品質保証活動を分類してチーム内の各担当者に役割と権限を持たせ、チームが最大限の活動効果を発揮できるようにする。	・担当者の力量把握不足 ・チーム体制の不備
	SUP.1 21 品質保証活動を実施するための力量が不足する担当者または品質保証活動に新たに従事する担当者の力量をアップするには、組織的な育成体制（チーム内にチューターを配置して OJT を実施するなど）を構築し、教える側と教えられる側の双方の力量アップにつながる人材育成計画を作成して取り組む。	・人材育成計画未作成 ・担当者の力量把握不足 ・チーム体制の不備

5.15　SUP.8 の LEfAS

SUP.8 プロセスの価値は次のとおりである。

プロセスの価値：開発関係者が、プロジェクトで定義した構成品目を利用できるように作業成果物を過不足なく管理し、利害関係者が利用する構成品目を素早く提供する。

Automotive SPICE® のプロセス参照モデルを適用する際に Lean Thinking の側面を補足するため、SUP.8 プロセスの目的（Automotive SPICE® の定義を参照）およびプロセスの価値に基づき、SUP.8 の LEfAS を表 4-2 の 6 分類項目に従い表 5-16 に記述する。

表 5-16　SUP.8 プロセスの LEfAS

分類名称	Lean Enabler	ムダを誘発する要因
価値 (Value)	SUP.8 01 開発関係者が必要とする構成品目を速やかに取得できるよう、個々の構成品目を開発工程、プロセス、機能などの観点で分類および階層構造化して管理する。例えば、自動車のシャシー系アプリケーション階層の機能分類としては ABS/ESC/TCS、プラットフォーム階層の機能分類としては入力／検知／判断／操作／出力がある。	・構成品目ごとの分類不足
	SUP.8 02 エンジニアリング領域の構成品目がシステムのどの機能に関連するのかを容易に識別するために、システムの機能をイメージしやすい構成品目の名称（例：ABS を統一名称とする場合→ ABS 要求仕様書、ABS 設計仕様書、ABS 検証仕様書）にする。	・構成品目の名称と内容の不一致
	SUP.8 03 ソフトウェアユニットを再利用しやすくするためには、ソフトウェアユニットを機能の最小単位で定義してベースライン管理する。ただし、背反として機能の最小単位の粒度を細かくしすぎると構成管理の工数が増加するため、組織にとっての最適な機能の最小単位の粒度（派生開発で再利用す	・機能の最小単位が細かすぎるソフトウェアユニット ・機能の最小単位が粗すぎるソフトウェアユニット

	るソフトウェアユニットの適切な粒度）を検討して構成品目の粒度を決める。	
価値の流れ (Value Stream)	SUP.8 04 すべての構成品目を一律の管理方法とせず、構成品目がライフサイクル中で担う目的を明確にし、構成管理方法を目的に合わせて定義する。構成管理計画は定義した構成管理方法に基づいて立てる。例えば、ベースライン化が必要な構成品目に対しては、構成管理ツールに対するチェックイン／チェックアウト、更新履歴などを厳格に管理し、確認に使用する議事録のような構成品目に対しては、厳格なルールを設けないなど、ベースライン化の有無を属性として扱い、メリハリのある構成管理を計画する。	・実行性のない構成管理計画 ・すべての構成品目の厳格な管理
	SUP.8 05 構成管理責任者は、開発関係者とのコミュニケーションおよび構成品目の管理状態から構成管理活動の進捗状況を確認する。構成管理活動の遅れが懸念されるときは、構成品目を計画どおりにリリースするために関係者の協力を取りつけて速やかに構成品目の是正処置をする。	・関係者間の構成管理活動および／または構成品目に対する監視不足
	SUP.8 06 構成品目は、定期的にリポジトリをバックアップし、リポジトリに障害があっても復元が可能となるようにバックアップの仕組みを構築する計画を立ててバックアップを実施する。例えば、バックアップ先をクラウドにすることで、拠点の冗長化およびバックアップ容量の増加にも柔軟に対応することが可能となる。	・リポジトリのクラッシュリスクの考慮不足 ・ローカル PC 上で構成品目を保管
流れ (Flow)	SUP.8 07 派生開発で変更元とするベースラインは、ロバスト性向上などの仕様が進化している最新のベースライン、車両特性または搭載機能が類似するベースラインなどが選択候補として挙げられる。ベースラインの選択候補から品質が確保でき変更規模が小さくなるベースラインを選定するために、各ベースラインにはベースラインの特徴を記載する。	・曖昧なベースラインの選定基準 ・人に依存したベースライン選定

	SUP.8 08 プロジェクト終結など、リリース間際のタイミングのみに構成品目を一括して構成管理場所（構成管理ツールなど）に登録すること、構成管理表にまとめて構成品目の名称とバージョン等の情報を記録することは避ける。リリース間際に構成品目を一括して構成管理活動を行う裏では非公式な作業成果物の授受を許容することになり、トラブルが生じやすいため、構成品目の変更完了時に計画した保管場所へのベースライン登録と、構成管理表への情報記録を速やかに行い、情報伝達窓口の関係者へ伝達する。	・逐次登録せず、大量の構成品目を一括登録する慣習
	SUP.8 09 構成品目の状態（ステータスなど）を可視化する仕組み、構成管理活動（ベースライン、構成監査など）の実施状況を共有できる電子掲示板などの開発環境を構築し、開発関係者が構成管理状況を速やかに把握できるようにする。	・構成品目の管理状況が不明
引き込み (Pull)	SUP.8 10 日々大量のメールを受信する場面で、ベースライン化されている構成品目をメールの添付にて受領し、開発を行っている中では、その後に受信したメールに添付された構成品目に気づかず、先のメールで受領した構成品目での開発を継続するムダが生じてしまう。そこで、2者間でベースライン化された最新の構成品目を授受するためのシステムを用意し、相手側から受領した構成品目を管理して、システムを利用するエンジニアが構成品目を取り出して活用できる仕組みを構築する。また、相手側へ構成品目を引き渡したいときには、システムに構成品目を登録することで相手先に自動転送する。さらに、システムが相手先から構成品目の更新版を受信したときには、構成品目の更新を知らせる機能を利用することで、エンジニアがタイムリーに構成品目を受け取ることができるため、更新した構成品目にロスなく切り替えて開発を行うことができる。	・取引先からのメールによる成果物の授受

	SUP.8 11 関連する機能、工程、プロセスなどで構成品目を分類および／または階層化し、同一分類および／または同一階層内に多数の構成品目がある場合には、さらに分類および／または階層化して構成品目を識別かつ取得しやすい構成品目数に整理する。	・整理整頓されていない構成品目 ・構成品目の整理に関するルール不足
完璧 (Perfection)	SUP.8 12 紛らわしい構成品目の名称により、構成品目を間違って取得しないようにするために、常に分かりやすさを意識して構成品目の名称を決定する。さらに開発中にも、使用しない不要な構成品目は削除し、構成品目の増加にて同じような名称の構成品目が存在する場合には、識別しやすい名称に変更するなど継続的なメンテナンスを実施する。	・改善活動の意識不足
	SUP.8 13 構成品目を取得しやすいように、構成品目を登録しているフォルダ構成と構成品目一覧表が常に一致するように、フォルダ構成および／または構成品目一覧表のどちらかが変更されたタイミングで整合性を確保するためのメンテンナンスを行う。あらかじめメンテナンスの頻度ができるだけ少なくなるようにフォルダ構成をシンプルにし、プロジェクト完了時には構成管理の振り返りを行いフォルダ構成の適正化を図る。	・メンテナンスされない構成品目一覧表
敬意 (Respect for People)	SUP.8 14 構成管理責任者は、管理する構成品目の全体を俯瞰して全体の整合を取るために、情報伝達窓口の関係者間で個々の構成品目の名称と分類および階層化に関する構成管理戦略についての共通認識が持てるように、コミュニケーションの機会を設ける。	・コミュニケーション不足による利害関係者間の共通認識不足
	SUP.8 15 構成管理責任者は構成管理担当者に、構成管理で用いるベースラインなどの用語、構成管理として実施すべき基本的な活動内容、構成品目の全体構造（分類および／または階層）について、組織の具体例を用いて説明し、担当者が疑問に感じた点については丁寧に解説する。	・十分に機能していない教育および OJT

5.16　SUP.9のLEfAS

SUP.9プロセスの価値は次のとおりである。

プロセスの価値：問題をモレなく記録し可視化して対処することで問題の共通認識を持つことができ、製品および／またはサービスの品質向上を確実なものにする。問題解決管理で得た情報は、組織のプロセス改善およびプロジェクト担当者の力量アップに活用する。

Automotive SPICE® のプロセス参照モデルを適用する際にLean Thinkingの側面を補足するため、SUP.9プロセスの目的（Automotive SPICE® の定義を参照）およびプロセスの価値に基づき、SUP.9のLEfASを表4-2の6分類項目に従い表5-17に記述する。

表5-17　SUP.9プロセスのLEfAS

分類名称	Lean Enabler	ムダを誘発する要因
価値 (Value)	SUP.9 01 問題解決管理で扱う問題と扱わない問題の基準を明確にして、問題解決管理を実施する。例えば、過度な管理工数を抑制するため、後工程で検証の対象となる作業成果物に対して、後工程での検証開始前に自工程で修正が完了する問題については、問題解決管理の対象外とできるかを検討する。	・過度な管理工数がかかる問題解決管理
	SUP.9 02 問題解決管理として扱う問題の情報共有は、問題発生時の情報共有と問題分析後の対処に関する情報共有がある。扱う問題の情報を共有するべき利害関係者を特定し、情報を文書化して共有する。問題発生時の迅速な情報共有は、問題のさらなる拡大および問題を看過した場合の手戻りを防ぐ。また、分析後の対処に関する情報共有は、類似問題の再発防止に役立つ。	・問題発生状況の情報共有不足 ・問題対処状況の情報共有不足
価値の流れ (Value Stream)	SUP.9 03 問題解決管理として扱う問題の記録を問題の再現および分析に有用な情報とするために、問題の混入／流出工程、再現方法、再現環境、発見者、関	・問題の記録項目の過不足 ・問題対応に関する過剰な管理

	連するテストID、発生した作業成果物のバージョンなどを問題の記録項目として問題分析の入力情報とする。問題の記録項目については、どの記録項目をどのタイミングで記録するのかを明確にして計画に反映する。例えば、問題分析時のタイミングでの記録項目としては、問題の混入／流出工程などが挙げられる。	
	SUP.9 04 問題解決管理として扱う問題の分析は、個々の問題に対する分析と、プロジェクトのすべての問題に対する傾向分析の両面で、分析が必要なタイミングを見極めて実施できるように計画する。いつ、どのような場合に実施するかの分析実施タイミングと実施責任者については、問題解決管理の計画策定時に取り決めておく。	・問題分析の未実施 ・傾向分析の未実施
	SUP.9 05 問題解決管理として扱う問題のステータスは、管理に関する作業（問題の分析、承認など）を踏まえて、問題解決管理の活動停滞を防止するために必要となる最小限のものとし、スマートな問題解決の仕組みを定義する。	・ステータス過多による過剰な問題解決管理 ・問題解決管理の停滞
	SUP.9 06 発生した問題を解決するための計画の精度を高めるために問題解決のための原因分析と影響判断を実施し、解決のために必要な技術面および管理面のタスクと作業成果物を洗い出して、関連するプロセスの計画に落とし込む。例えば、解決のために必要な管理面のタスクの実施を確実にするために、日程計画および工数見積もりをプロジェクト計画に反映させる。これらの計画に基づいて進捗を管理することで、問題解決を計画どおりに完了する。	・問題に対する不十分な管理
流れ (Flow)	SUP.9 07 問題分析の結果、問題の規模（対応に要するコスト、日程、技量など）と影響範囲の大きさから、対応に多くの利害関係者の関与が必要な場合があ	・問題の対象および対処に関する認識のズレ

	る。そのような問題の解決に着手する場合には、文書またはメールによる関係者への通知だけではなく、必要に応じて関係者を招集し、問題の影響度、解決策、日程、コストなどを説明して、関係者間で問題の対応に関する共通認識を持ち、問題解決を実施する。	
	SUP.9 08 問題解決管理として扱う問題の対処状況の監視者と問題対処の実施担当者の間で、問題の対処状況の情報共有が滞りなくできるように、問題対処の完了時はもちろんのこと、問題対処中にも期日と作業成果物の対応状況の情報共有ポイントを設けて情報共有を行う。情報共有ポイントを無闇に増やすと管理工数が増えるため、問題解決期間に対する情報共有ポイント数のバランスを図る。	・問題の状況の共有不足
	SUP.9 09 問題解決管理として扱う問題の分析では、分析対象の問題と類似した問題がプロジェクトに潜在しているかについても管理面と技術面の両面で確認し、さらなる問題発生の未然防止に役立てる。類似した問題の洗い出しには、開発担当者へのインタビューの他、根本原因に応じて管理面と技術面の作業手順、作業成果物などの各情報を用いる。	・問題の影響の考慮不足 ・類似問題の分析不足
	SUP.9 10 問題発生時と問題分析完了時の記録は、問題管理のツール（テンプレートも含む）を用いて必要な情報を確実に記録できるように事前に開発環境を準備する。実際に記録を残す段階にて、あらかじめ定められた記録時に、何らかの理由で記録できない項目がある場合には、記録不備フラグを立てるなど、記録モレがなく完了できる仕組みを整備する。	・問題状況の共有不足 ・問題に関する情報の記録モレ
	SUP.9 11 緊急性を要する問題解決事案が発生した場合に備え、緊急対応時の手順として、例えば、組織が許容できる範囲内で内部文書の作成を後回しとする	・緊急時の対応ルールの整備不足

	タスク順序の入れ替え、または事後報告などの緊急対応手順をプロセスの一部としてあらかじめ定義しておく。	
	SUP.9 12 エンジニアリング系、管理系、支援系のプロセスで発生した問題が問題解決管理として扱うべき問題として扱われず放置されることを避けるために、各プロセスでの問題事例をプロセス単位で整理し、教訓集として担当者に周知して、問題解決管理の問題として扱えるようにする。	・問題に対する認識の欠落 ・過去の教訓の未活用
引き込み (Pull)	SUP.9 13 1つの問題解決に複数の担当者が関与して作業成果物を修正する場合は、情報共有と共通認識を図って問題解決の一貫性を確保する。その際、複数の担当者を統率するリーダーを明確にし、リーダーが担当者を招集して情報共有と共通認識を図る。	・問題に対する認識のズレ
完璧 (Perfection)	SUP.9 14 問題解決管理として扱う問題の傾向分析は、プロジェクトおよびプロセスの弱みを特定して改善するために、問題の作り込みと検出の工程、問題の発生要因、あるべき姿との差異を明確にする。さらにあるべき姿との差異が発生した要因（考慮不足、不注意、力量不足など）について分析し、プロセスの改善と意識の改善に用いる。意識の改善は、健全な組織文化の醸成に役立つ。	・問題の不十分な傾向分析
	SUP.9 15 問題解決管理として扱う問題の対応完了時に、問題の原因と対処に関する情報が記憶に残っているうちに、担当者、工数、期間、作業成果物、作業成果物バージョン、問題対処の課題、およびリスクに関する情報を記録し、問題の傾向分析およびプロジェクトの振り返りに活用する。	・問題の不十分な傾向分析
	SUP.9 16 問題解決管理として扱う問題のステータスを記録および追跡するためには、記録および追跡のため	・問題の不十分な記録と監視

	のワークフローを定義し、問題の対処状況を関係者が確認したい切り口で抽出できるようにして、状況に応じたアクションをとれるようにする。これにはプロジェクトの問題の把握と対処が迅速に実施できるツールの適用が効果的である。	
敬意 (Respect for People)	SUP.9 17 問題解決管理として扱う問題の傾向を分析する際、分析する担当者によるバラツキを抑えるために、問題に付随する情報、問題の管理方法、記録タイミング、などに関する事項を事前に定義し、トレーニングをとおして関係者に理解させ、改善に役立つ適切な傾向分析が実施できるようにする。	・問題の不十分な傾向分析
	SUP.9 18 問題解決管理として扱う問題の傾向分析では、問題を作り込んだプロセスと人の振る舞いに着目し、プロセスと人の振る舞いの弱みを特定して改善に取り組むことが重要である。人の振る舞いについての分析においては、法律に抵触しないように配慮し、個人批判となる言動も控えるべきである。	・問題に対する分析不足
	SUP.9 19 問題解決はプロジェクトの QCD 面で重要な活動となるため、問題解決の管理者は管理（計画、監視、調整）活動を実施する前に、担当者に問題解決管理の重要性を説明し、問題解決管理活動の動機づけを行う。	・問題解決管理の重要性に対する認識不足

5.17　SUP.10 の LEfAS

SUP.10 プロセスの価値は次のとおりである。

プロセスの価値：変更の影響を受ける利害関係者を明確にして変更に対する共通認識を持ち、作業成果物改版の適切な修正を確実なものにする。また、変更の判断が合理的であることを証明し、作業成果物間の一貫性を確保する。

Automotive SPICE® のプロセス参照モデルを適用する際に Lean Thinking の側面を補足するため、SUP.10 プロセスの目的（Automotive SPICE® の定義を参照）およびプロセスの価値に基づき、SUP.10 の LEfAS を表 4-2 の 6 分類項目に従い表 5-18 に記述する。

表 5-18　SUP.10 プロセスの LEfAS

分類名称	Lean Enabler	ムダを誘発する要因
価値 (Value)	SUP.10 01 変更依頼の内容に対し、プロジェクトの QCD 目標の観点で、どこにどのような影響があるかを分析し、変更実施のリスクを明確にして、変更実施可否を責任者が決定する。影響を受ける利害関係者に可否決定について説明し、変更実施の合意を得る。	・変更内容の未合意のままの作業実施 ・変更対応計画の未合意のままの作業実施 ・変更内容の確認不足
	SUP.10 02 変更の関係者が変更依頼の内容についての正しい理解と共通認識を持つために、何を目的に変更を実施するのか、変更を実施することで何が得られるのかを明確に記録する。変更を行う理由を文書化することは、変更によるモレおよびダブリを防ぐための影響範囲分析、変更リスクの評価、変更実施の判断を支援する。	・変更理由を踏まえず間違った対処を実施 ・変更依頼管理の複雑化 ・変更依頼の状況認識のズレ
価値の流れ (Value Stream)	SUP.10 03 プロジェクトの特徴（規模、要員構成など）および QCD 目標、定義された組織のプロセスを踏まえて、自工程内で抽出した問題の変更対処が自工程内で完結し他工程への影響がない場合など、変更依頼管理の適用が不要なケースをテーラリング	・すべての修正（問題および不具合）に対して一律に変更依頼管理プロセスを実施 ・重複または類似の変更依頼発生

	基準として明確にし、変更依頼管理の効率的な運用範囲を特定する。	・他の変更依頼の認識のモレ
	SUP.10 04 変更実施の可否を判断するレビューおよび承認は、個々の変更依頼ごとに行うのではなく、変更依頼の発生、変更実施のタイミング、および変更内容（影響範囲、変更対象および実施担当者）などでグルーピングして効率的に実施できるように計画する。	・個々の変更依頼に対して変更制御委員会の活動を実施 ・変更に対する作業の伝達モレ ・変更依頼に対する作業計画の不備
	SUP.10 05 不具合および要求変更などの変更依頼の発生トリガーを分析し、変更依頼管理活動および変更対象の作業成果物が重複しないように、複数の変更依頼をひとつの変更依頼に集約する。例えば、類似した複数の不具合を取りまとめて、１つの変更依頼として変更依頼管理活動を計画する。	・変更依頼管理の記録方法の差異 ・開発関係者への変更依頼の伝達モレ ・開発関係者への変更依頼の伝達ミス
	SUP.10 06 変更依頼に基づく変更依頼管理活動計画を立てる際、変更依頼と実施する作業単位（ワークパッケージ（アクティビティおよびタスク））を関連付けて管理する。管理方法については、変更依頼の傘下で管理する、プロジェクト計画全体のWBS中の１つの作業単位として管理する、などから選択することができる。管理方法の選択については、作業工程の現在地点、手戻りの影響の大きさ、必要な作業期間などを考慮して決定できるように、あらかじめルールとして明確にし、ルールにしたがって管理方法を決定する。	・変更に対する作業の伝達モレ ・変更依頼に対する作業計画の不備
流れ (Flow)	SUP.10 07 変更依頼に基づく変更依頼管理活動に関するリソースの見積もりおよび作業成果物間の一貫性と完全性の確保（変更モレおよび意図と異なる変更が含まれていない）は、エンジニアリング系プロセスで扱う作業成果物の双方向トレーサビリティを活用して効果的かつ効率的に実施する。	・変更依頼の影響分析で、変更モレおよび意図と異なる変更が発生 ・回帰テスト範囲の特定モレ

	SUP.10 08 エンジニアリング系作業成果物が起点となる変更は、エンジニアリング系プロセスで扱う作業成果物に目を向けがちであるが、管理系および支援系の作業成果物の変更（各活動の計画変更など）が必要となる場合がある。変更依頼に基づく管理系および支援系の作業成果物の変更は、エンジニアリング系プロセスで扱う作業成果物と対応付けながら行うことで、変更依頼管理活動および変更結果の一貫性と完全性を確保する。例えば、エンジニアリング系、管理系および支援系の作業成果物の変更結果について、一貫性と完全性を確保するにあたり、MAN.3 における日程、担当者、工数、および SUP.8 のベースライン確立の計画に反映するための情報を、エンジニアリング系の作業成果物から引き出して、管理系および支援系の作業成果物を変更する。	・変更依頼に関連する管理系と支援系のプロセスでの対応モレ ・変更依頼で、変更モレおよび意図と異なる変更が発生
	SUP.10 09 変更依頼に基づく回帰テストは、エンジニアリング系の工程で作成された作業成果物の双方向トレーサビリティに基づき、変更箇所に間接的に関係する範囲を特定することで、回帰テストに必要なリソースを適切に見積もることができ、実施すべき回帰テストが過不足なく効率的に実施できる。	・回帰テスト範囲の特定モレ ・変更の繰り返しによるテストの再実施
	SUP.10 10 プロジェクトでは、大なり小なり何らかの問題（不具合を含む）が発生するため、問題解決の変更依頼に基づく変更依頼管理活動の中で大きな工数の割合を占める再テストの負荷を軽減することが変更依頼管理活動工数の低減につながる。再テストの負荷低減策としては、ツールを用いたテストの自動化が挙げられる。	・変更の繰り返しによる同一テストの再実施
	SUP.10 11 利害関係者間で変更依頼の進捗状況とステータスの表現が一致するように、関係者が進捗状況を表	・変更依頼管理の複雑化 ・変更依頼の状況認識のズレ

	すためのステータスに共通認識をもち、変更依頼管理活動を実施する。その際、ステータスの過度な詳細化を避け、組織の規模および役割に合わせて必要なステータスの粒度と数を定義して、効率的な変更依頼管理に役立てる。	・変更依頼が関係者で共有されない ・変更依頼の伝達が滞留
	SUP.10 12 定期的にコミュニケーションが取れない相手に変更を依頼する場合には、依頼する作業範囲を明文化して相手先と合意し、変更による影響範囲の規模を踏まえて変更作業の進捗状況を監視する頻度とタイミングを決定する。とくにクリティカルな変更依頼については、通常の変更依頼よりも監視の頻度を増やして実施し、依頼元での変更依頼の作業と齟齬が生じないように取り扱う。	・変更依頼管理の記録方法の不備 ・開発関係者への変更依頼の伝達モレ ・開発関係者への変更依頼の伝達ミス
引き込み (Pull)	SUP.10 13 変更影響範囲の特定は、設計仕様書（要求、アーキテクチャ）、ソースコード、検証仕様書（検証項目、テストケース）などの直接的な作業成果物だけでなく、プロジェクト計画書、構成管理計画書、品質保証計画書などの間接的な作業成果物（管理系と支援系の作業成果物）も含めて行う。	・変更依頼に関連する管理系と支援系のプロセスでの対応モレ
	SUP.10 14 SUP.9領域の工程からSUP.10領域の工程が「引き取る問題」と「引き取らない問題」を識別するために、プロジェクトで問題に対処する際の変更規模と対応期限などの判断基準を明確にし、基準に沿って問題の対処を判断する。	・変更対応状況が不明確
	SUP.10 15 変更依頼の影響範囲分析の際、どの粒度まで分解して変更箇所を特定するかについては、必ずしも修正箇所をピンポイントで特定するまで行わず、作業成果物およびソースコードファイルのレベル、あるいは作業成果物中の章または節、といった大まかな粒度に留めておき、それ以上の詳細分析は変更実施担当者が変更実施時に行うといった役割分担とする方が効率的な場合がある。また、	・変更依頼の影響分析の過渡な実施

	変更依頼に基づく変更実施後には、変更依頼元の作業成果物と変更の影響を受ける作業成果物との間の双方向トレーサビリティを維持するために、作業成果物の修正箇所に対してトレーサビリティを確保する。これにより、以降の開発での影響分析に活用することが可能となる。	
	SUP.10 16 変更実施に携わる担当者に対して、変更実施の内容、工数、スケジュール、リスクなどを含む計画についての情報を文書で伝達する。また、変更規模が大きい、複雑である、あるいは変更に関わる利害関係者が多く存在する場合には、変更実施に携わる担当者間での齟齬が生じないように開発関係者を招集し、会議形式にて変更計画の全体像を説明する。	・変更依頼の分析結果の伝達モレ
完璧 (Perfection)	SUP.10 17 変更依頼の重要度、緊急度、および携わる担当者の役割と権限を明確にし、変更依頼管理活動に関する記録、分析、レビューおよび承認などの作業を検討して、変更依頼管理のステータスモデルを最小化する。ステータスモデルを最小化する際には、管理ツールを用いて変更依頼管理のステータスモデルをプロジェクトに適合させ、変更依頼管理の手間、変更依頼の記録モレと伝達モレを削減する。	・帳票による手動の変更依頼の管理と実施 ・変更依頼管理手順の肥大化 ・変更ワークフローの肥大化と複雑化
	SUP.10 18 組織の開発活動および開発プロセスの弱みを特定するために、変更の種類（要求、設計、実装、および計画の変更など）、変更の発生工程と要因、変更によって影響を受けた作業成果物を分析し、組織の改善情報として活用する。	・改善の入力情報となる変更依頼管理活動の分析情報が組織に提供されず、組織改善が停滞
	SUP.10 19 変更依頼管理にツールを用いる場合には、ツールを用いた変更依頼の実施が担当者のストレスにならないように、扱う情報量、使用ユーザー数、ユーザビリティなどを考慮し、管理ツールの動作環境	・ツールの処理パフォーマンス不足 ・変更依頼管理の重要性の認識不足

	を整備する。	
	SUP.10 20 変更依頼管理活動の関係者間で変更依頼に対する共通認識を持つことが重要である。共通認識を持つための関係者間の意思疎通および伝達（受信確認を含む）を効率化するには「作業担当者」および「作業成果物」といつた項目で情報を抽出でき、変更依頼のステータスを的確に把握できる管理ツールを選定する。	・変更依頼が関係者で共有されない ・変更依頼の伝達が滞留 ・変更依頼の伝達モレ
敬意 （Respect for People）	SUP.10 21 変更依頼管理活動の実施関係者間で齟齬が生じないように、いつ、誰が、どのような判断基準（変更のプロジェクトQCDへの影響、変更の必要性、変更の利害関係者合意など）で変更承認を行うのかを事前に明確にしておき、その基準にしたがって変更実施の承認を行う。	・変更内容未合意のままの作業実施 ・変更依頼に対する認識（QCD）のズレ
	SUP.10 22 変更依頼管理活動の監視は、変更依頼の管理者が責任をもって変更依頼の状況を終結まで適切に把握する。その際、変更依頼の管理者は、プロジェクトマネージャー、構成管理担当者、品質保証担当者、依頼先担当者などとの意思疎通の方法（いつ、誰と、どのように実施するか）を決めた上で意思疎通を図り、監視の実施を心掛ける。	・変更依頼とそれに対する活動および作業成果物とのズレ ・依頼先との変更依頼に対する認識（QCD）のズレ
	SUP.10 23 変更依頼管理活動の記録および承認などが適切に実施されるように、実施する変更依頼管理のプロセス（目的、アクティビティ、使用するツールなど）に対するトレーニングを、開発関係者に定期的に実施することで、変更依頼管理活動が形骸化することを防ぐ。	・変更依頼管理プロセスの理解不足
	SUP.10 24 変更依頼管理活動は、要求の変更、不具合の対応などがトリガーとなる。変更依頼は開発する製品および／またはサービスの価値を高める建設的な活動と捉え、前向きな取り組みとなるように、	・変更依頼管理、変更作業を実施する要員のモチベーション低下 ・変更依頼管理プロセスの理解不足

	組織は必要に応じて変更依頼に携わる担当者の意識改革に尽力する。意識改革の方法としては、変更依頼の確認時に変更依頼管理の価値を説くこと、プロセスの価値の視点を強調することなどが挙げられる。	
	SUP.10 25 変更依頼管理活動が委託先を含む場合の変更依頼管理は、変更依頼がプロジェクトのQCDに及ぼす双方の見解をお互い（委託元、委託先）に理解した上で、個々の変更依頼の作業に支障をきたさないよう、現実的で納得感のある実施計画を合意する。	・委託先との変更依頼に対するQCDの認識ズレ

6　各プロセス共通の LEfAS

各プロセス共通の LEfAS は、表 5-1 に示す各プロセス共通に用いることができる「Lean Enabler」を提供している。また「Lean Enabler」が、どのようなムダを想定して定義されたかを理解するための参考情報として「ムダを誘発する要因」を併記している。Automotive SPICE® のプロセス参照モデルを適用する際に Lean Thinking の側面を補足するため、各プロセス共通の LEfAS を表 4-2 の 6 分類項目に従い、表 6-1 に記述する。Lean Enabler 記述にある「対象とするプロセス」部分は各プロセスに合わせてアレンジするなどして、共通の LEfAS を固有の LEfAS に置き換えて活用する。本章に示す LEfAS は、Automotive SPICE® v3.1 および v4.0 の双方で活用することができる。

表 6-1　各プロセス共通の LEfAS

分類名称	Lean Enabler	ムダを誘発する要因
価値 (Value)	COM 01 対象とするプロセスで作成される作業成果物のテンプレートが用意されている場合には、古いバージョンのテンプレートを誤用してやり直しになる、あるいは最新のテンプレートを探すのに必要以上に時間を要することがないように、常に最新版のテンプレートを素早く正確に入手して利用できるようにする。 ※固有の LEfAS への置き換え例：MAN.3 12	・作業成果物のテンプレート誤使用 ・作業成果物のテンプレート探索
価値の流れ (Value Stream)	COM 02 経験の浅い担当者にて作成された対象とするプロセスの実施計画については、計画作成段階で知見者を交えたレビューを繰り返し、プロジェクト目的およびプロセス目的達成の精度が高まる計画を策定する。 ※固有の LEfAS への置き換え例：MAN.3 38	・制約に対して過不足のある品質計画 ・制約に対して過剰なコスト計画 ・制約に対して間に合わない納入計画
	COM 03 対象とするプロセスのプロセス実施監視活動の頻度、時間および共有する情報量は、プロセスの進行状況および活動のリスクに応じて調整し、過不足なく設定する。進捗に関する共有情報がないのに共有するための時間を確保する、あるいは非常	・コントロールできない乖離が生じるプロセス実施監視のタイミング

	に多くの情報共有をする場合には、プロセス実施監視活動の頻度を適宜増減するなどの適切な調整を行う。 ※固有の LEfAS への置き換え例：MAN.3 01	
	COM 04 対象とするプロセスの実施計画はマイルストーンと日程だけでなく、プロジェクトの目的と目標から作業成果物の変更内容を分析し、難易度、作業量、担当者の力量に応じて活動の進め方（作業成果物の段階的な詳細化など）を含めた計画を策定する。 ※固有の LEfAS への置き換え例：MAN.3 04	・スケジュールだけに関心のある組織のプロジェクト管理活動
	COM 05 対象とするプロセスにて生成する作業成果物の作成遅延によるプロジェクトの QCD への影響を回避するため、後工程にベースライン化した作業成果物一式を引き渡す頻度およびタイミングをあらかじめプロジェクトで合意する。 ※固有の LEfAS への置き換え例：SYS.1 08	・不完全な（曖昧および／または不足した）プロセスの実施計画
	COM 06 対象とするプロセスの実施計画策定後の大幅なスケジュール変更を避けるために、該当プロジェクトに対して、どの情報が "MUST" なのか、どの情報が "WANT" なのかを識別し、少なくとも "MUST" の情報が明らかになってから、対象とするプロセスの実施計画を立案する。"MUST" の情報には、遵守しなければならない法規、設計変更のベースラインおよび設備が準備できるタイミング、確保可能な要員工数などが含まれる。 ※固有の LEfAS への置き換え例：MAN.3 09	・顧客のタイミングのみで策定した計画
流れ (Flow)	COM 07 アクティビティおよびタスク実施に必要な力量不足は、スキル基準を満たした管理者およびエンジニアとのレビューをとおして補足する。 ※固有の LEfAS への置き換え例：MAN.3 16	・アクティビティおよびタスク実施者の力量不足

引き込み (Pull)	COM 08 対象とするプロセスの構成品目の関連を容易に識別するために、構成品目が持つ機能をイメージしやすい名称を含めた構成品目の名称とする。 ※固有の LEfAS への置き換え例：SUP.8 02	・構成品目の名称と内容の不一致
完璧 (Perfection)	COM 09 目標に対して振り返りを求めない組織文化は改善の機会を失うため、プロジェクトおよび対象とするプロセスの目標に対する振り返り（目標の妥当性、目標と実績の乖離など）をプロジェクトマネージャーが自ら計画して実施し、リーンを推進する組織文化の醸成につなげる。振り返りの方法には、KPT（Keep：次の成功のために継続すべきこと／ Problem：改善すべきこと／ Try：次の成功のために挑戦すべきこと）などがある。 ※固有の LEfAS への置き換え例：MAN.3 31	・形骸化したプロジェクト目標／プロセス目標の設定 ・結果に対して要因を追求しない組織文化
	COM 10 対象とするプロセスの改善に関する社内外から収集した情報をそのまま鵜呑みにすることなく、収集した情報が自組織の開発する製品および／またはサービスの開発環境として真に有効か、そのまま導入するとムダ、ムラ、ムリを誘発しないかを分析する。分析結果に基づき、自組織の開発プロセスに合致する開発環境にカスタマイズし、組織またはプロジェクトへの導入を図る。例えば、多人数開発の仕組みを少人数開発にそのまま導入する、高い安全性が要求されるドメインの仕組みを安全性が要求されないドメインにそのまま導入する、大規模なシステム開発の仕組みを小規模なシステム開発にそのまま導入することは、返ってムダを生むことにもなりかねないので注意が必要である。 ※固有の LEfAS への置き換え例：SWE.1 16	・非効率なプロセスの放置 ・非効率な開発環境の放置 ・納期に追われて業務改善をする余裕のない組織 ・非効率な開発環境の改善に関心のない組織 ・変化を嫌う組織の体質
	COM 11 対象とするプロセスを効果的かつ効率的に実施するために、後工程の担当者が困っていることを吸	・後工程での余分な作業 ・非効率なプロセスの放置

	い上げて要因を分析する。分析結果に基づいた解決策を講ずることで、後工程に引き渡す作業成果物の定義に役立てる。例えば、困っている要因を分析するためのツールには「QC7つ道具の特性要因図、ヒストグラムの他、なぜなぜ分析」がある。 ※固有のLEfASへの置き換え例：SWE.6 12	
	COM 12 対象とするプロセスにツールを用いる場合には、ツールを用いたプロセスの実施が担当者のストレスにならないように、扱う情報量、使用ユーザー数、ユーザビリティなどを考慮し、管理ツールの動作環境を整備する。 ※固有のLEfASへの置き換え例：SUP.10 19	・ツールの処理パフォーマンス不足 ・変更依頼管理の重要性の認識不足
敬意 (Respect for People)	COM 13 工数見積もりおよび日程計画は、プロジェクトマネージャーと担当者が合意した上で決定する。プロジェクト監視においても定量的な記録を確認した上で、必要に応じて監視する側と監視される側が直接会話し、状況の共通認識を得る。 ※固有のLEfASへの置き換え例：MAN.3 34	・見積もり精度／監視精度の低下 ・プロジェクト担当者のモチベーション低下
	COM 14 対象とするプロセスを実施する工程のエンジニアと対象とするプロセスに関連するプロセスを実施する工程のエンジニアとの間で、良好なコミュニケーションが取れる関係を築く。良好なコミュニケーションが取れる関係の構築は、メールによるコミュニケーションだけでなく、面直あるいは電話といった手段を活用し、相手の声および仕草に現れる僅かな変化を捉えて真意を汲み取りながら、適切な対応を心がける。 ※固有のLEfASへの置き換え例：SWE.6 13	・関連する工程の利害関係者間の不十分なコミュニケーション ・利害関係者間の険悪な人間関係
	COM 15 対象とするプロセスの効果的かつ効率的な活動を実施する力量を獲得するために、担当者と相談して担当者の自己成長意欲を尊重した育成計画を作成し実施する。 ※固有のLEfASへの置き換え例：SYS.1 19	・担当者の活動意欲（モチベーション）低下

	COM 16 対象とするプロセスの効果的かつ効率的な活動を実施するために求められる力量を具体化かつ細分化（例：コミュニケーション力、文章力、ドメイン知識力、分析力）し、担当者の自己成長意欲を尊重して各々に不足する力量を適切に充足するために必要な育成を図る。これにより、急場しのぎの場当たり的な育成による担当者のモチベーション低下を防ぐ。 ※固有のLEfASへの置き換え例：SWE.1 17	・担当者の活動意欲（モチベーション）低下
	COM 17 対象とするプロセスの実施に関する力量として何が必要なのかを識別し、プロジェクト間で共通に必要な力量については、ツールベンダーによるツールトレーニングの活用など、組織としてのトレーニング活動を計画し提供する。また、プロジェクト内で力量不足を補うトレーニングを提供できない場合には、他のプロジェクトと連携したトレーニングを計画して提供する。 ※固有のLEfASへの置き換え例：SWE.4 12	・担当者の力量習得ニーズにタイムリーに応えられない管理者
	COM 18 設計を担うエンジニアだけが開発の花形で立場が強い組織の場合には、後工程を担うエンジニアに配慮をしないという組織文化になりやすくなる。組織として後工程を担うエンジニアの責任と権限を明確に定義し、日程面、設備面などの直接的な影響を受ける後工程を担うエンジニアに配慮する組織文化を醸成する。 ※固有のLEfASへの置き換え例：SYS.4 16	・エンジニアの担当業務による優劣意識

Appendix

A. LEfAS 導出方法

著者らは、Automotive SPICE® のプロセス参照モデルに基づくプロセス定義を用いたプロジェクト活動を行う組織がプロジェクトの成果を最大化するために、プロジェクトに典型的に生じるムダを削減し、プロジェクトが利害関係者に提供する価値を高めるのに役立つ LEfAS の活用を提案する。しかしながら、プロジェクトはその規模および制約条件など、異なる特徴を持っているため、提供する LEfAS は全体の一部に過ぎない。自組織の特長および利害関係者の要求事項を鑑みて、より効果的な LEfAS を導出し活用することが有効と考える。よって、本章では LEfAS の導出方法の必要性を述べ、導出方法を示す。

5 章および 6 章に示す LEfAS は、製品および／またはサービスの開発現場で典型的に散見されるムダを削減し、価値を高めるため、リーン開発の 6 原則に基づいて定義した。しかしながら、プロセス毎に導出された LEfAS は必ずしも統一感をもって MECE に提供されているわけではない。著者らは、すべての組織のすべてのプロジェクトが提供する価値を高めるための LEfAS を網羅的に導出し提供することは困難であると認識している。したがって、LEfAS を導出するための方法を提供することで、プロジェクトを遂行する各組織が、自組織の特長を鑑みて足りない部分を補うことができれば、総体的に価値を高めることができると考えている。5 章および 6 章に示す LEfAS は、この導出方法に基づいて導出されている。

A..1 LEfAS 導出方法の基本原理

自動車の機能安全規格である ISO 26262 に基づく安全活動では、自車両の乗員を含む道路利用者に及ぶ安全リスクからの解放を安全目標とし、安全目標の達成を侵害する危険事象およびその要因となるシステムの機能不全を識別し、要因毎に適切な安全方策を施すことで安全目標の達成を目指すことになる。自動車のセキュリティ規格である ISO/SAE 21434 に基づくセキュリティ活動でも同様に、セキュリティ目標を侵害する要因（攻撃手法および攻撃経路）を見極めて、要因毎に適切なセキュリティコントロールを施すことでセキュリティ目標の達成を目指すことになる。

このように安全目標および／またはセキュリティ目標を達成する活動では、目標の達成を侵害する事象およびその要因を正しく分析することで効果的かつ効率的な処置につなげることができるはずであり、LEfAS の導出方法の基本原理はこの考え方に立脚したものとなっている。

本書で扱う価値は、プロジェクト活動をとおしてプロジェクト内外の利害関係者に提供される有形無形のプロジェクトの成果であると定義している。最大化された価値を利害関係者に提供することがプロジェクト目標であると捉えると、価値の最大化を妨げ、プロジェクト目標の達成を侵害するすべての事象がムダ（例えば、活動自体のムダおよび／または作業成果物のムダ）と捉えることができる。プロジェクト活動における「ムダを誘発する要因（活動に必要となる力量、ヒューマンファクターなど）」を分析して、ムダおよび「ムダを誘発する要因」を排除する方策をAutomotive SPICE® の各プロセスの成果と関連付けて、リーンな開発を実現するためのLean Enablerとして導出する。LEfASはAutomotive SPICE® のプロセス参照モデルに基づいて定義されたプロセスとセットにして用いることで、製品および／またはサービスを提供するためのプロジェクト活動をリーンに実施することを意図しているため、Automotive SPICE® のプロセスの成果と関連付けて導出されたい。

A..2　ムダおよび「ムダを誘発する要因」の識別方法

本書では、ムダおよび「ムダを誘発する要因」を体系的に識別する方法として、ガイドワードによる強制連想法を用いている。システムズエンジニアリングハンドブックには、MITを基盤とするLAIによって定義された、表A-1の典型的に生じる8分類のムダが紹介されている（8分類のムダの説明は、システムズエンジニアリングハンドブック 第4版　9.8.2を参照）。この8分類を用い、表A-2に示す6分類11種類のHAZOPガイドワードを組み合わせることで、表4-2の6分類のムダを強制的に連想する。その際、表A-3に示すFrank H.Hawkins、河野龍太郎氏らによって提唱された、周囲の影響を受けて人間の行動が変化することを体系的に表現したモデル（SHELLモデル /m-SHELLモデル）を用いて、ヒューマンファクターを考慮すると広範囲な検討が可能となり、プロジェクト活動に潜むムダをMECEに導出しやすくなる。これにより、表4-3に示す「ムダを誘発する要因」の例以外の要因も顕在化することができ、俯瞰的かつ体系的にムダを排除してリーンな開発を実現することが期待できる。

本節の表A-1、表A-2、表A-3を用いたLEfASの導出について、次節のA..3に演繹的なLEfASの導出手順を、A..4に帰納的なLEfASの導出手順を示す。リーンの本質は徹底的にムダを排除して顧客に提供する価値を高めることであるため、LEfAS導出方法を参考に、自組織のプロセスに潜むムダと「ムダを誘発する要因」を認識する時間を持つことを強く推奨したい。

表 A-1　典型的に生じる 8 分類のムダ

No.	ムダの分類	想定されるムダの例
1	待機（Waiting）	・前工程の作業遅延によって生じる待ち時間 ・前工程の完了を待たずに着手することで生じる変更によるやり直し工数
2	過剰処理 (Over-Processing)	・後工程の作業を含む自工程の作業 ・不要に短納期を要請することで余分に生じる工数 ・使われない機能の作り込み作業
3	輸送（Transportation）	・開発サイト間で度々生じるモノ（情報、開発設備など）の移動 ・コミュニケーションミスにより生じる期待と異なるモノの輸送、または輸送モレ
4	在庫（Inventory）	・計画に対して余剰に製造される試作品 ・廃棄判断のされないリポジトリ内の情報
5	欠陥（Defects）	・評価不足による間違った情報を含む設計文書 ・正しくない構成で統合されたアイテム ・後工程で必要な情報を含まない作業成果物 ・作業能力を十分に把握していない作業配置
6	過剰生産 (Over-Production)	・後工程で使用されない作業成果物 ・過剰に拡散される情報 ・作り込まれた使われない機能
7	不要な動き (Unnecessary Movement)	・構成アイテムから必要な情報を見つけるまでに浪費する時間 ・無計画に分散する開発サイト間で度々発生する人の移動
8	人の潜在能力のムダ使い (Waste of human potential)	・モチベーションを低下させる職場環境、人間関係 ・保有能力を十分に活用していない要員配置

表 A-2　HAZOP ガイドワード

No.	分類	ガイドワード	ガイドワード説明
1	存在 (Existence)	無（No）	質・量が無い、意図したことが起こらない (Negation of the Design Intent)
2	方向 (Direction)	逆（Reverse）	質・量が反対方向、逆転、意図したことと逆が起こる（Logical Opposite of the Intent）

		他（Other than）	別な方向・事象、意図したことと別なことが起こる（Complete Substitution）
3	量（Quantity）	大（More）	量的な増大（Quantitative Increase）
		小（Less）	量的な減少（Quantitative Decrease）
4	質（Quality）	類（As well as）	質的な増大（Qualitative Increase）
		部（Part of）	質的な減少・不足（Qualitative Decrease）
5	時間（Time）	早（Early）	時間が早い（Time early）
		遅（Late）	時間が遅い（Time delay）
6	順番（Order）	前（Before）	順番が前・事前、短い（Short time）
		後（After）	順番が後・事後、長い（Long time）

表 A-3　SHELL モデル 6 要素のヒューマンファクター

構成要素		ガイドワード	ヒューマンファクター	想定される「ムダを誘発する要因」の例
L	当事者	力量、行動特性	力量／特性（求められる業務と当事者とのギャップ）	・担当者の知識不足 ・未経験の業務
m	管理	組織、体制、文化、雰囲気	管理性／エンゲージメント（組織側とプロジェクト（担当者）側に生じるギャップ）	・管理に合わせて生じる業務報告
S	ソフトウェア	ルール、手順書、マニュアル	機能性／操作性／理解性／情報伝達性（利用できるプロセス資産と利用者間に生じるギャップ）	・更新されない手順書 ・プロジェクト特性に合致しない手順書

H	ハードウェア	機器、ツール、設備、開発環境	機能性／操作性／効率性（準備される開発機器、ツール、設備、開発環境と利用者間に生じるギャップ）	・ニーズを満たせないツール、設備および開発環境 ・組織で一括管理されていないツール、設備および開発環境 ・遠隔に設置された開発環境の使用
E	環境	職場および作業の環境（時間、温度、照度、広さなど）	利便性／快適性／効率性（作業環境と利用者間に生じるギャップ）	・作業環境が不快で注意力が散漫になる ・プロジェクトチームと作業環境の地理的距離が離れている
L	他者	コミュニケーション、チームワーク	理解性／情報伝達性／伝播性（プロジェクト担当者間に生じるコミュニケーションおよびモチベーションのギャップ）	・経験および／またはベストプラクティスが共有されない ・お互いの業務に関心がない

表 4-2、表 A-1、表 A-2、表 A-3 を用いて「ムダを誘発する要因」を俯瞰的かつ体系的に分析するシートを表 A-4 に示す。表 A-4 に基づくと、分類名称 6 要素、ムダの分類 8 要素、HAZOP ガイドワード 11 要素、ヒューマンファクター 6 要素を掛け合わせ、6 × 8 × 11 × 6 ＝ 3,168 とおりの「ムダを誘発する要因」を Automotive SPICE® のプロセス毎に導出することが可能となる。しかしながら、これらすべての組み合わせによる「ムダを誘発する要因」の導出が必ずしも必要なわけではない。すべての組み合せによる「ムダを誘発する要因」導出作業の費用対効果および即効性を考慮すると、各組織にて重点的に取り組むプロセスおよび表 A-4 の範囲を特定し、その範囲に関係する要素の組み合わせに絞って「ムダを誘発する要因」を導出し、優先順位を付けてムダの削減に取り組むという選択肢もあり得る。ムダの削減に取り組むにあたっては、個々の組織にとっての有益な効果を素早く確認することが肝要と考える。

表 A-4 を用いて「ムダを誘発する要因」を導出する事例を示す。例えば、表 A-4 の先頭行での各要素の組み合わせは次のとおりである。

・Id：L1 価値（Value）
・Id：W1 待機（Waiting）
・Id：H1 無（No）
・Id：F1 当事者の力量、行動特性

上記の各要素を用いて、Automotive SPICE® の SYS.1：要求抽出プロセスについて強制連想法を用いて分析してみる。

・価値（Value）：
適切な利害関係者要求を過不足なく定義する〔当該プロセスの Value という観点〕
・待機（Waiting）：
利害関係者の要求抽出に待ちが発生するというムダが生じる〔Value の Waiting という観点〕
・無（No）：
適切な利害関係者要求を提供できない〔Value が No という観点〕
・当事者の力量、行動特性：
要求抽出者の力量不足〔Value の提供に対する当事者の力量、行動特性という観点〕

これら 4 つの要素を「ムダを誘発する要因」のシナリオとして組み合わせると、
「要求抽出者の力量不足により、利害関係者の要求抽出がスムーズに実施できず、期限までに終わらない。これにより、適切な利害関係者要求を提供できない」
が導出できる。

このようにして、プロジェクトに潜在する「要求抽出者の力量不足」を「ムダを誘発する要因」として明らかにする。さらにシナリオに含まれる「ムダを誘発する要因」の影響を踏まえ、要因を排除する方策をプロセス改善として組織のプロセスに組み込むことで、プロジェクトのムダを削減することが可能となる。

表 A-4 にある「分類名称」「ムダの分類」「HAZOP ガイドワード」「ヒューマンファクター」の 4 つの要素列は、分析する際の順序を示すものでも固定するものでもない。表形式を用いて分析する際には、列の左から右に向かって進めることがあるが、4 つの要素を検討する順序は、分析を実施する者が実施しやすいように並べ替えて行うことが可能である。また、4 つの要素をすべて使用することを必須としているものでもない。

例えば４つの要素を用いて分析する際、「ヒューマンファクター」→「ムダの分類」→「HAZOP ガイドワード」の３つの要素だけを用いて分析し、導き出した「ムダを誘発する要因」をリーンの６つの分類である「分類名称」にグルーピングした上で、Lean Enabler を検討するといった進め方もある。分析を実施する者は、４つの要素から分析しやすい要素を取捨選択し、選択した要素の組み合わせから「ムダを誘発する要因」の強制連想を試行されたい。

表 A-4 「ムダを誘発する要因」を俯瞰的かつ体系的に導出するための要素の組み合わせ例

表4-2		表A-1		表A-2		表A-3		ムダを誘発する要因
Id	分類名称	Id	ムダの分類	Id	HAZOP ガイドワード	Id	ヒューマンファクター	
L1	価値 (Value)	W1	待機 (Waiting)	H1	無 (No)	F1	当事者の力量、行動特性	
						F2	組織、体制、文化、雰囲気といった管理面	
						F3	手順書、マニュアルといったソフト面	
						F4	設備、インフラストラクチャーといったハード面	
						F5	職場、作業場といった環境面	
						F6	コミュニケーション、チームワークといった当事者と他者との関係	
				H2	逆 (Reverse)		上記、F1～F6と同じ	
				H3	他 (Other than)		上記、F1～F6と同じ	
				H4	大 (More)		上記、F1～F6と同じ	
				H5	小 (Less)		上記、F1～F6と同じ	
				H6	類 (As well as)		上記、F1～F6と同じ	
				H7	部 (Part of)		上記、F1～F6と同じ	
				H8	早 (Early)		上記、F1～F6と同じ	
				H9	遅 (Late)		上記、F1～F6と同じ	
				H10	前 (Before)		上記、F1～F6と同じ	
				H11	後 (After)		上記、F1～F6と同じ	
		W2	過剰処理 (Over-Processing)		上記、H1～H11と同じ			
		W3	輸送 (Transportation)		上記、H1～H11と同じ			
		W4	在庫 (Inventory)		上記、H1～H11と同じ			
		W5	欠陥 (Defects)		上記、H1～H11と同じ			
		W6	過剰生産 (Over-Production)		上記、H1～H11と同じ			
		W7	不要な動き (Unnecessary Movement)		上記、H1～H11と同じ			
		W8	人の潜在能力のムダ使い (Waste of human potential)		上記、H1～H11と同じ			
L2	価値の流れ (Value Stream)		上記、W1～W8と同じ					
L3	流れ (Flow)		上記、W1～W8と同じ					
L4	引き込み (Pull)		上記、W1～W8と同じ					
L5	完璧 (Perfection)		上記、W1～W8と同じ					
L6	敬意 (Respect for People)		上記、W1～W8と同じ					

A..3　LEfAS の演繹的導出手順

LEfAS の演繹的導出手順は、自組織内である程度ムダが認識され、共有できており、特定のムダに対して効果的な LEfAS を導出する際に適用するのが有効である。

手順 1)　ムダの識別

自組織のプロセスおよび／または工程に散見されるムダを識別し、表 A-1 ムダの分類にしたがって仕分ける。もしムダが識別できていない場合には、表 A-1 ムダの分類と表 A-2 の HAZOP ガイドワードを用いて対象プロセスのムダを網羅的に識別する。

手順 2)　「ムダを誘発する要因」の分析

手順 1) で識別されたムダ毎に「ムダを誘発する要因」を表 A-2　HAZOP ガイドワードと表 A-3　SHELL モデル 6 要素のヒューマンファクターを用いて自組織に当てはまる要因を分析する。

手順 3)　Lean Enabler の導出

手順 1) で識別されたムダおよび手順 2) で分析された「ムダを誘発する要因」を排除するために、表 4-3 の価値 6 分類を参考にして有効な方策を Lean Enabler として定義する。さらに導出された Lean Enabler に基づき、該当プロセスの文書、手順書、およびテンプレートを変更する。

◇ SYS.2 プロセスでの導出事例

本事例は、システム要求分析の手戻りが頻繁に発生している組織を想定している。システム要求分析の作業を行うにあたり、過去の失敗事例から「上位要求の実装モレまたは上位要求意図の勘違いによるシステム要求化が要因となり、手戻りが発生している」が、図 A-1 のように問題として共有されている。

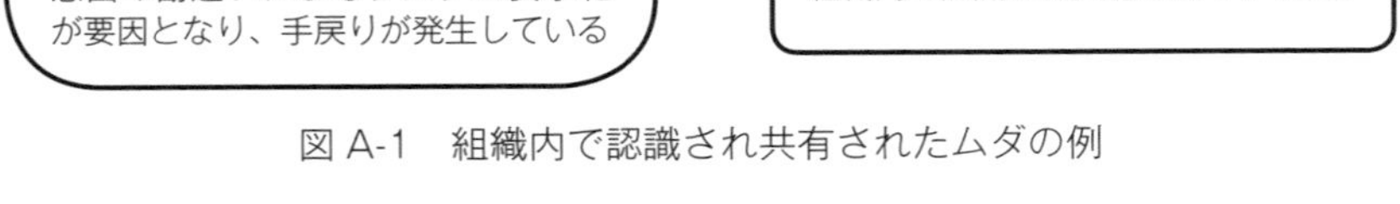

図 A-1　組織内で認識され共有されたムダの例

これに対して、表 A-1 を用いてムダの種類を識別する。例えば、図 A-2 のように欠陥（Defect）を関連付ける。

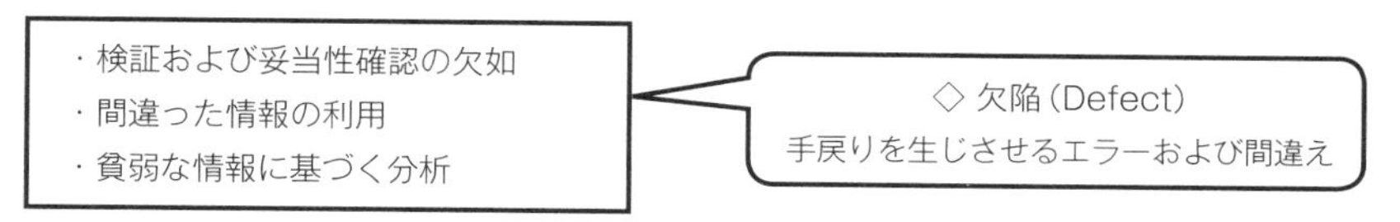

図 A-2　表 A-1 を用いてムダの種類を識別した例

識別されたムダについて、表 A-2 および表 A-3 をガイドワードとして自組織に当てはまる要因を図 A-3 のように分析する。

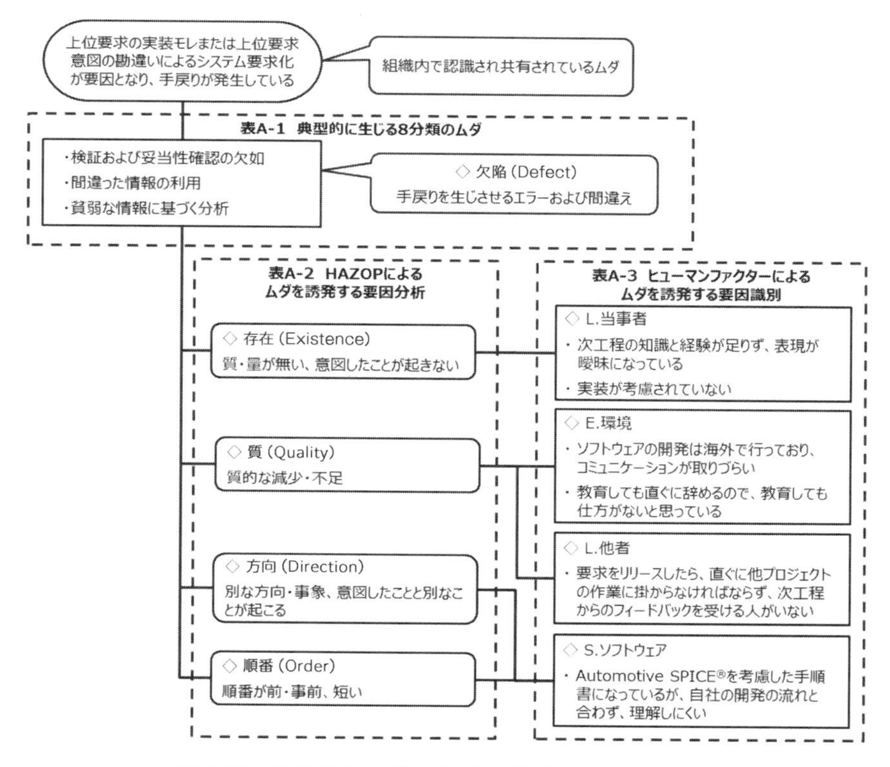

図 A-3　表 A-2 および表 A-3 をガイドワードとして
自組織に当てはまる要因の分析実施例

図 A-4 の例に示すように、分析した要因に基づき、表 4-3 の価値 6 分類を参考にして、有効な方策を Lean Enabler として定義する。

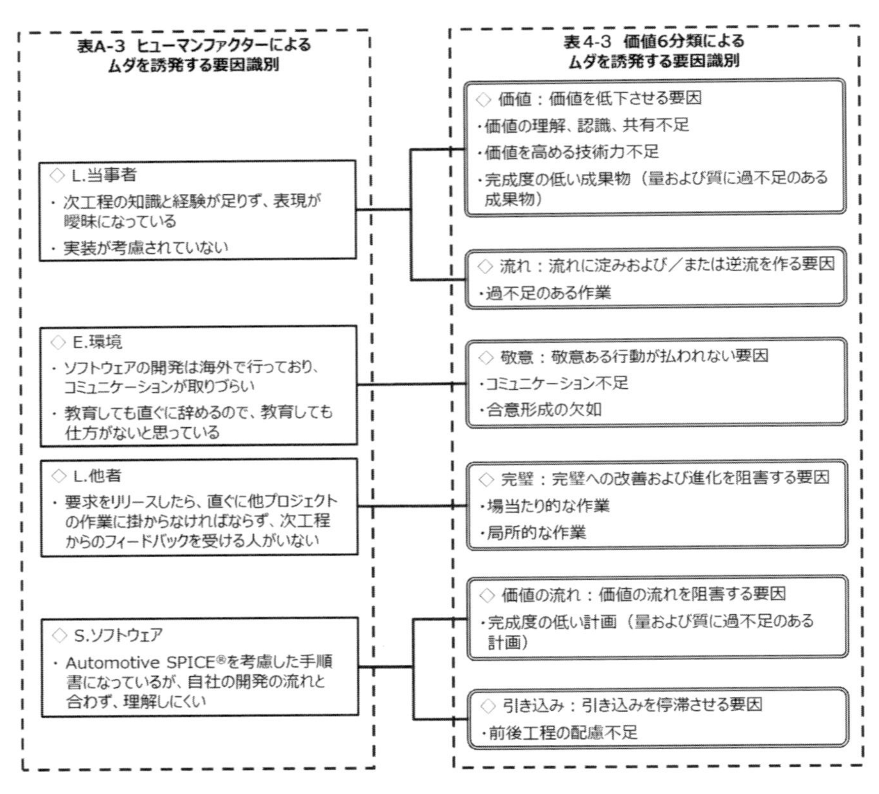

図 A-4　表 4-3 の価値 6 分類を参考にしてムダを誘発する要因を識別した例

以上の検討結果によって、価値 6 分類に対応した Lean Enabler が導出される。

例えば、表 A-5 に示すように「上位要求の実装モレまたは上位要求意図の勘違いによるシステム要求化が要因となり、手戻りが発生している」といったムダから、分析された「ムダを誘発する要因」ごとに、Lean Enabler を導出することが可能である。

表 A-5　価値 6 分類に対応した Lean Enabler 導出

ムダ	ムダを誘発する要因	Lean Enabler
上位要求の実装モレまたは上位要求意図の勘違いによるシステム要求化が要因となり、手戻りが発生している	1. 価値：価値を低下させる要因 ・価値の理解、認識、共有不足 ・価値を高める技術力不足 ・完成度の低い成果物（量および質に過不足のある成果物）	・後工程を実施するエンジニアを招集し、システム要求を理解するための説明会を実施した上でレビューを実施する。
	3. 流れ：流れに淀みおよび／または逆流を作る要因 ・過不足のある作業	・後工程を実施するエンジニアを招集し、システム要求のレビューを実施して、必要な情報が揃っていること、理解可能な内容になっていることを確認する。
	5. 完璧：完璧への改善および進化を阻害する要因 ・場当たり的な作業 ・局所的な作業	・要求を導出するエンジニアは、「要求を定義したら、自らの業務を終了し、関知しない」のではなく、自らの要求が製品に正しく反映されているかを追跡し、後工程のエンジニアからのフィードバックにも注視して、要求記述の改善を行う。
	6. 敬意：敬意ある行動が払われない要因 ・コミュニケーション不足 ・合意形成の欠如	・要求を導出するエンジニアは、後工程のエンジニアが要求を理解できない原因が、努力が足りないからだと決めつけず、後工程のエンジニアが必要とする詳細度で記述されているかを確認するために、自ら積極的にコミュニケーションを図る。

本事例のように「ムダを誘発する要因」が具体的であれば、既出の分析手法を用いて、価値 6 分類の視点で有効な方策（改善案）を策定することができる。

A..4　LEfAS の帰納的導出手順

LEfAS の帰納的導出手順は、リーン開発に取り組み始める組織が自組織の活動にムダを誘発する可能性があることに気づいており、自組織のムダを削減するための適切な Lean Enabler を選択して利用できる、あるいは自組織の特徴（開発プロセスの整備状況、実施状況など）を鑑みた上で、自組織に合った Lean Enabler を体系的に導出する、といった場合に用いるとよい。

手順 1) 「ムダを誘発する要因」の分析

自組織のプロセスを構成する要素を、SHELL モデルを参考に識別する。

表 A-3 を参考に、SHELL モデル 6 要素の中のプロセスを実施する当事者と関係する構成要素間に発生するミスマッチをヒューマンファクターの観点で要因分析し、「ムダを誘発する要因」を特定する。

手順 2)　ムダの識別

手順 1) で分析された「ムダを誘発する要因」毎に、表 A-1 の 8 分類を参考にして誘発され得るムダを強制連想する。

手順 3)　Lean Enabler の導出

手順 2) で分析されたムダを削減するために、表 4-3 の価値 6 分類を参考にして有効な方策を Lean Enabler として導出する。

◇ SYS.3 プロセスでの導出事例

本事例は、システムアーキテクチャ設計の手戻りが頻繁に発生している組織を想定している。始めにシステムアーキテクチャ設計の作業を行うにあたり、設計工程に関係する要素と設計工程が適切に行われるために必要と考えられる特性について、図 A-5 のように SHELL モデルを参考に図示化する。

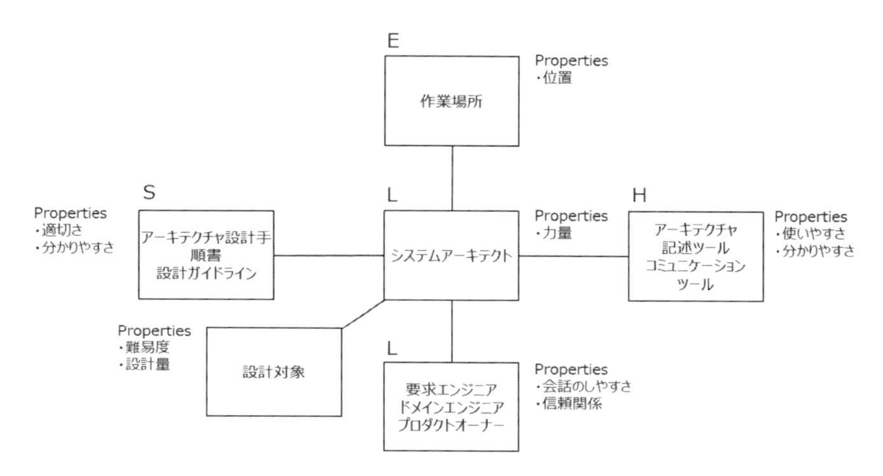

図 A-5　システムアーキテクトに影響を与える要素とプロパティ（Properties）

次に図 A-5 および自組織のシステムアーキテクチャ設計工程の特徴に基づき「ムダを誘発する要因」になり得るヒューマンファクターおよび潜在するムダを分析する。例えば、システムアーキテクトにはアーキテクチャ設計を遂行するための力量（技能、知識および経験）が求められる。すなわち、適切な設計活動を行うためには、構成要素である人間に求められる特性（ヒューマンファクター）が力量ということになる。システムアーキテクトが過去に経験したことのない難易度を要する設計が求められる場合、担当エンジニアの力量が不足している状態を解消しないまま作業を進めると、利害関係者の期待する設計品質に至らず、結果的にアーキテクチャ設計をやり直す手戻りが発生する可能性がある。本事例では、エンジニアが力量不足のまま作業を遂行することで手戻りが発生することを「ムダを誘発する要因」としている。図 A-5 に基づいて、ヒューマンファクターから「ムダを誘発する要因」およびムダを分析した事例を表 A-6 に示す。

表 A-6 ヒューマンファクターによるムダを誘発する要因とムダの識別

ヒューマンファクター		ムダを誘発する要因	ムダ
L	・力量（設計対象の難易度とエンジニアの技量および経験とのギャップ）	・設計対象領域の知識不足 ・適切な知見者の不在	・アーキテクチャ設計の手戻り
S-L	・情報伝達性（提供されるプロセス資産とエンジニアが必要とする情報とのギャップ）	・設計ガイドの情報不足 ・不要な手順が記載された手順書	・不要な設計および調査作業の実施 ・アーキテクチャ設計の手戻り
H-L	・機能性および操作性（提供されるツールとエンジニアが必要とする機能とのギャップ）	・エンジニアが必要とする機能の不足した開発ツールの利用 ・用途に合っていない開発ツールの利用 ・利用頻度の低い高額な開発環境の導入および保守	・不要な作業の実施 ・利用されていないツールの保守
E-L	・利便性（エンジニアと作業場所とのギャップ）	・遠隔サイト間での高頻度のオフラインミーティング ・在宅勤務環境による作業成果の低下	・不要な移動 ・不要な作業の実施
L-L	・情報伝達性（エンジニア間のコミュニケーションギャップ）	・設計方針、設計制約など、適切な設計に必要な情報の不足 ・低いモチベーションの伝播および拡散 ・共通認識不足	・アーキテクチャ設計の手戻り

最後に「ムダを誘発する要因」およびムダの削減に寄与する Lean Enabler を導出する。設計に必要となる力量および情報が不足することに起因して生じるムダに対しては、力量不足および情報不足を解消するために知見者を招集して議論する場を提供し、不足分を補うことが有効である。開発対象となるシステムは、ユーザーの期待に対してハードウェア、ソフトウェア、メカの技術を活用してユーザーに価値を提供するものであるため、適切なシステムアーキテクチャ設計をする必要がある。そのためエンジニアには、プロジェクトの開発方針、利用できる開発対象領域の技術動向、システム構築にかかるコストおよび設計におけるトレードオフなどの広い視野と知識

が必要とされる。単独でシステムアーキテクチャ設計を担当するよりは、専門知識を持つエンジニア、多くの経験を持つエンジニア、開発対象領域を担当しているエンジニアの意見を聞きながら設計作業を行うことで、総合的に短い時間で品質のよいシステムアーキテクチャを設計できる可能性が高まる。

「システム要求に対する適切（プロジェクトの制約およびコンセプトに基づいたプロジェクトのQCDを満たし、技術的に実現可能であること）な設計解を得るためには、必要な専門分野のエンジニアを招集し、システム要求に対する複数の設計解を議論する場を設定する」ことが重要となる。これが、ムダを削減するためのひとつのLean Enablerとなる。表A-6で分析された「ムダを誘発する要因」から導出したLean Enablerの例を表A-7に示す。

表A-7　ムダを誘発する要因に基づくLean Enablerの導出例

ムダを誘発する要因	ムダ	Lean Enabler
・設計対象領域の知識不足 ・適切な知見者の不在 ・設計方針、設計制約など適切な設計に必要な情報の不足	・アーキテクチャ設計の手戻り	・必要となる専門分野のエンジニアを招集し、システム要求に対する設計解を議論する場を提供する
・設計ガイドの情報不足 ・不要な手順が記載された手順書	・不要な設計または調査作業の実施 ・アーキテクチャ設計の手戻り	・アーキテクチャ設計の際にベースとするアーキテクチャの設計意図およびアーキテクチャの品質特性を維持するためのガイダンスを設計ガイドとしてまとめて資産化する
・エンジニアが必要とする機能の不足した開発ツールの利用 ・用途に合っていない開発ツールの利用	・不要な作業の実施	・アーキテクチャ設計の支援ツールは、アーキテクチャの可視化に加えて、安全分析またはトレードオフ分析などの検証面も考慮して選定する

B. LEfSE と LEfAS の対比

Lean Enabler for Systems Engineering（LEfSE）と Lean Enabler for Automotive SPCIE®（LEfAS）の対比について、B..1: 適用箇所の側面と B..2: ライフサイクルの側面から説明する。

B..1　適用箇所の側面

LEfSE および LEfAS は、どちらも製品および／またはサービスの価値向上に対するアプローチであるが、個々の Lean Enabler が適用されるスコープは異なる。図 B-1 に示すように LEfSE は、製品および／またはサービスのライフサイクル全般において、適用するステージを特定していない。したがって LEfSE を適用するには、適用箇所を見極め、適切な LEfSE を選択するなど、開発のプロセスおよび工程に関する実務経験など、一定の力量が必要である。一方の LEfAS は、図 B-2 に示すように Automotive SPCIE® の個々のプロセスごとに Lean Enabler を定義し、適用する対象プロセスを明確にしている。したがって Automotive SPCIE® のそれぞれのプロセスに関する知識を有していれば、それぞれのプロセスに関する LEfAS は理解しやすく、プロセス定義およびプロジェクト活動に役立てることが容易である。

◇ LEfSE

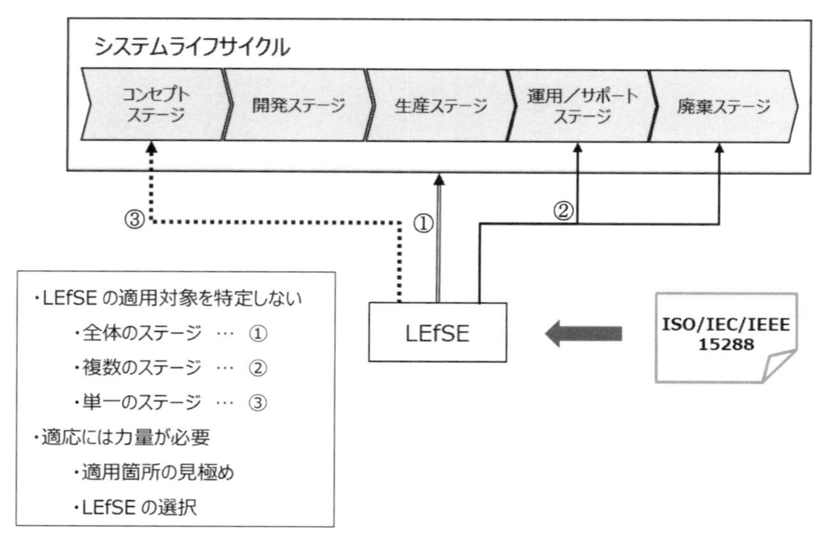

図 B-1　LEfSE の適用

◇LEfAS

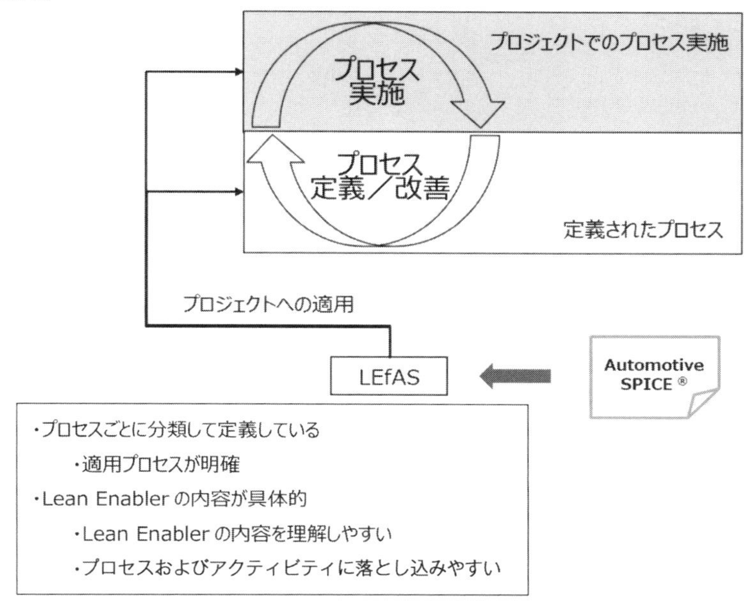

図 B-2　LEfAS の適用

B..2　ライフサイクルの側面

◇ LEfSE

LEfSE は、ISO/IEC/IEEE 15288 をベースにしており、自動車のみならず、あらゆる製品のライフサイクルに適用することが可能である（図 B-3）。

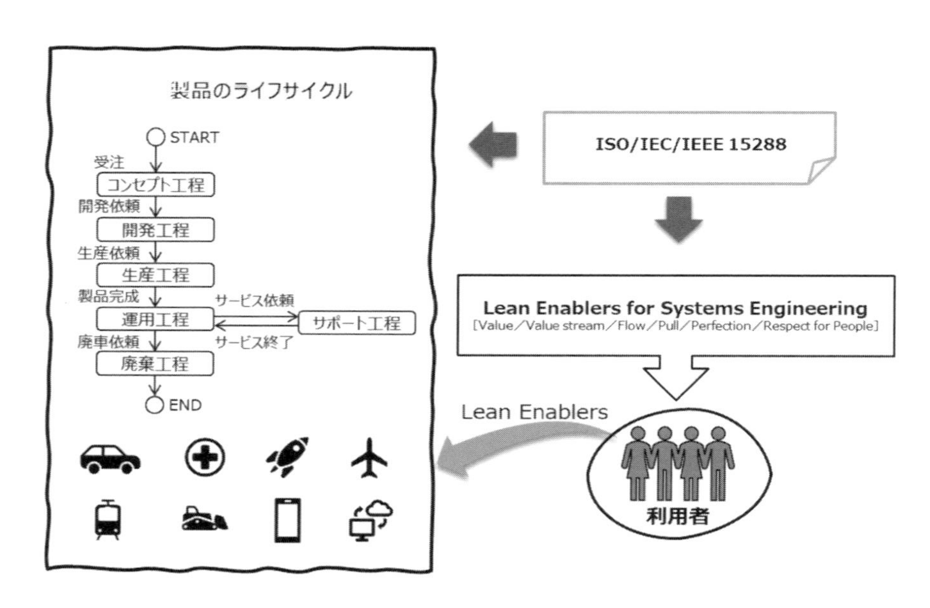

図 B-3　LEfSE はあらゆる製品のライフサイクルに適用可能

◇ LEfAS

LEfAS は、Automotive SPICE® をベースにしており、自動車の製品ライフサイクルの開発工程に焦点を当てている（図 B-4）。システムおよびソフトウェア領域の対象プロセスが明確であり、Lean Enabler の内容が具体的であるため、各組織のプロセスに適用転用しやすい。

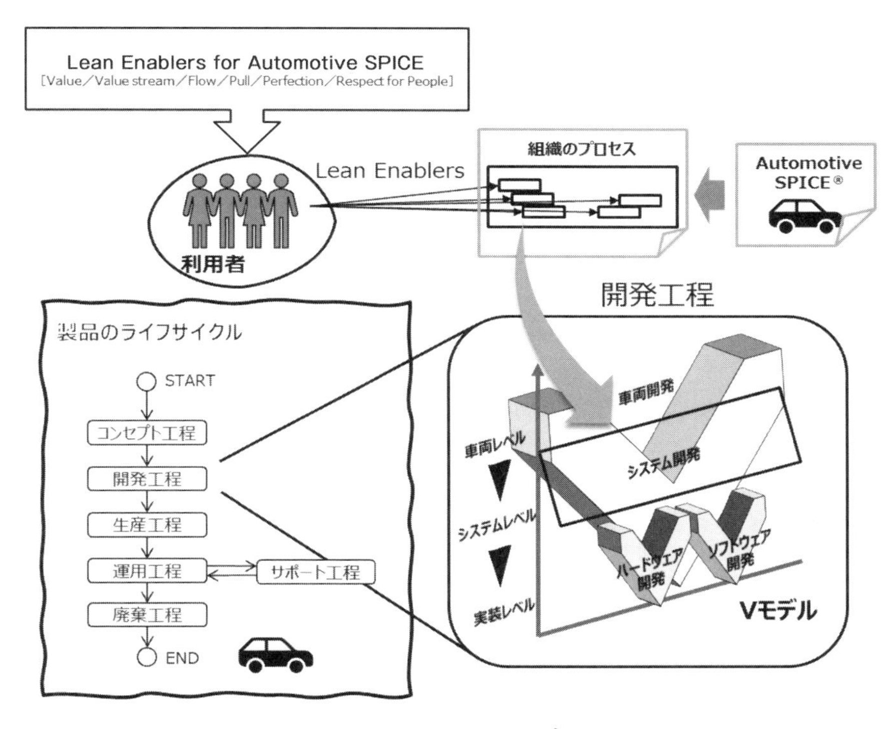

図 B-4　LEfAS は適用する対象プロセスが明確

C. LEfASの直接アプローチと間接アプローチの対比

Lean Enabler for Automotive SPCIE®（LEfAS）の直接アプローチと間接アプローチの対比について、C..1: プロセス入出力の側面とC..2: 実施パフォーマンスの側面から説明する。

C..1　プロセス入出力の側面

◇直接アプローチ

LEfASの直接アプローチには、代表的なケースとして「新規プロセス構築のケース」および「既存プロセス改善のケース」がある。新規プロセス構築のケースでは、図C-1に示すようにプロセス参照モデルの目的および成果、LEfASをそれぞれ理解した上で自組織に適したプロセスを定義する。その際、プロセス定義を実施するためのプロセス手順に「ムダを誘発する要因」が含まれないよう、LEfASを参照しながらプロセス定義書および手順書を策定する。一方の既存プロセス改善のケースでは、図C-2に示すようにLEfASを参照しながら過去のプロジェクト活動を振り返り、期待どおりの価値が提供できなかった要因分析結果の対策を考慮して、プロセス定義書および手順書に反映する。

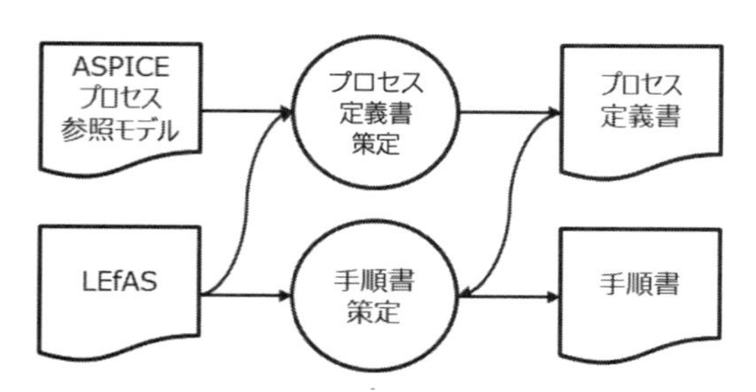

図C-1　新規プロセス構築のケース

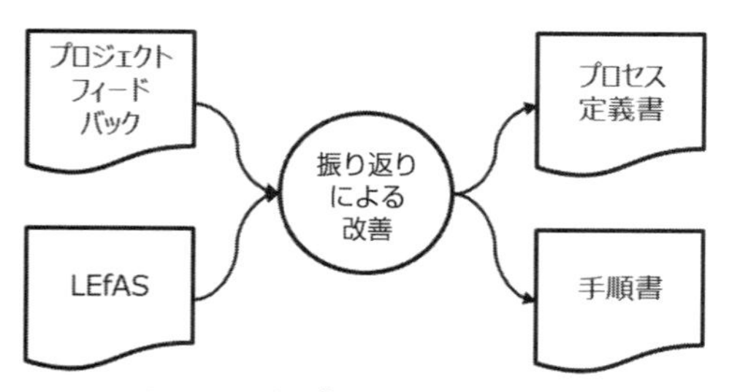

図C-2　既存プロセス改善のケース

◇間接アプローチ

LEfASの間接アプローチには、代表的なケースとして「個人利用のケース」および「チーム利用のケース」がある。個人利用のケースでは、図C-3に示すようにLEfASのLean Enablerと「ムダを誘発する要因」から、自身が取り組むプロセスをリーンに実施するための改善点を見出し、Lean Enablerを参考にして自身の活動自体を改善する。一方のチーム利用のケースでは、図C-4に示すようにLEfASのLean Enablerと「ムダを誘発する要因」から自組織（チーム）のプロセスをリーンに実施するための改善点をチームで議論し、Lean Enablerを参考にしてチームの活動自体を改善する。

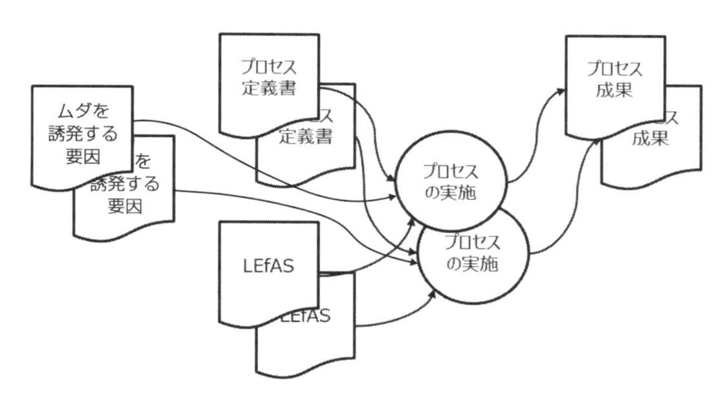

図C-3　個人利用のケース

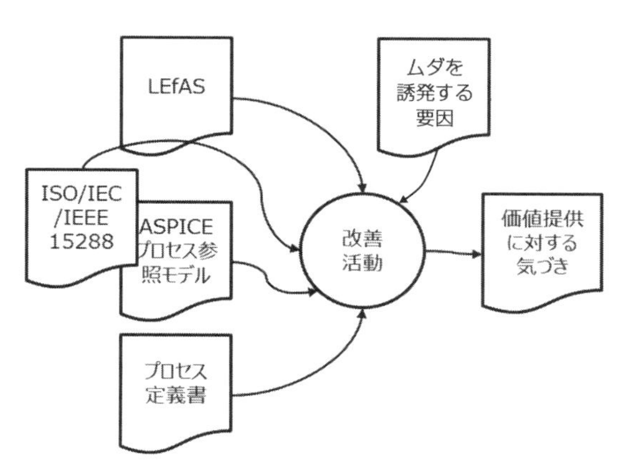

図C-4　チーム利用のケース

C..2　実施パフォーマンスの側面

◇直接アプローチ

図 C-5 に LEfAS を組織のプロセス定義に直接適用することで、プロセスの実施パフォーマンスの改善が期待できる様子を示す。図 C-5 の上側の図は、最適プロセスに期待するパフォーマンス（T1 時間内に目標作業量に到達)、組織で定義されたプロセスに期待するパフォーマンス（T2 時間内に目標作業量に到達)、および組織で定義されたプロセスの実施パフォーマンス（T3 時間で目標作業量に到達）を比較した例を示している。これは理想とする最適なプロセスと実際に組織で定義されたプロセスの間には幾らかのギャップが存在し、組織で定義されたプロセスとそのプロセスの実施の間にもギャップが存在することを示している。

図 C-5 の下側の図は、組織で定義されたプロセスに LEfAS を統合することにより、LEfAS 統合前のプロセスを最適プロセスに近づくように改善されたプロセスに期待するパフォーマンス（T2 よりも短い TX 時間内に目標作業量に到達)、そのプロセスの実施結果（TX よりは長いが T2 よりも短い TY 時間内に目標作業量に到達）が従前のパフォーマンス（T3 時間で目標作業量に到達）を上回る期待を示している。これが LEfAS によってプロセスおよびプロセス実施に関するムダが削減される効果となる。

また、図 C-6 には、LEfAS によって時間の短縮だけでなく、作業量の低減も期待できる様子を示す。

◇間接アプローチ

LEfAS をプロジェクト活動に適用することで、プロセスの実施パフォーマンスの改善が期待できる様子を図 C-7 に示す。図 C-7 の上側の図は、図 C-5 の上の図と同じであり、最適プロセスに期待するパフォーマンス（T1 時間内に目標作業量に到達)、組織で定義されたプロセスに期待するパフォーマンス（T2 時間内に目標作業量に到達)、および組織で定義されたプロセスの実施パフォーマンス（T3 時間で目標作業量に到達）を比較した例を示している。

図 C-7 の下側の図は、プロジェクト担当者が組織で定義されたプロセスを参照し尊重した上で、LEfAS に関する知識と自身の経験を踏まえて、LEfAS をプロジェクト活動に間接的に適用することで、組織で定義されたプロセスに期待するパフォーマンス（T2 時間内に目標作業量に到達）および従前のプロセスの実施パフォーマンス（T3 時間で目標作業量に到達）を上回るパフォーマンス（T2 および T3 よりも短い TZ 時間内に目標作業量に到達）が期待できることを示している。これが LEfAS によってプロジェクト活動に関するムダが削減される効果となる。

また、図 C-8 には、LEfAS によって時間の短縮（T2、T3 および TZ よりも短い TZ' 時間内に目標作業量に到達）だけでなく作業量の低減（TZ' よりも短い TZ" 時間内に目標作業量よりも少ない LEfAS で改善された目標作業量に到達）も期待できる様子を示す。

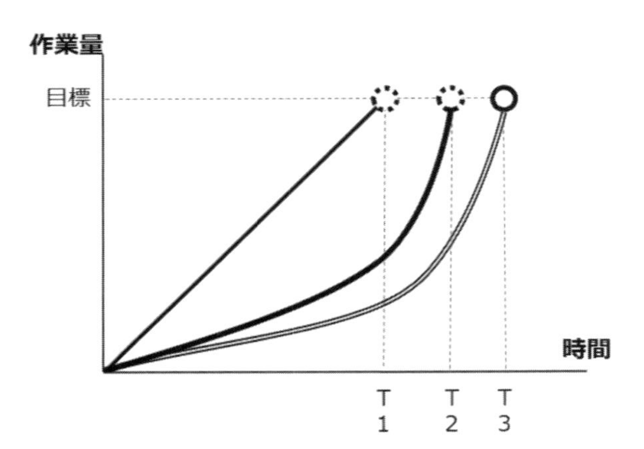

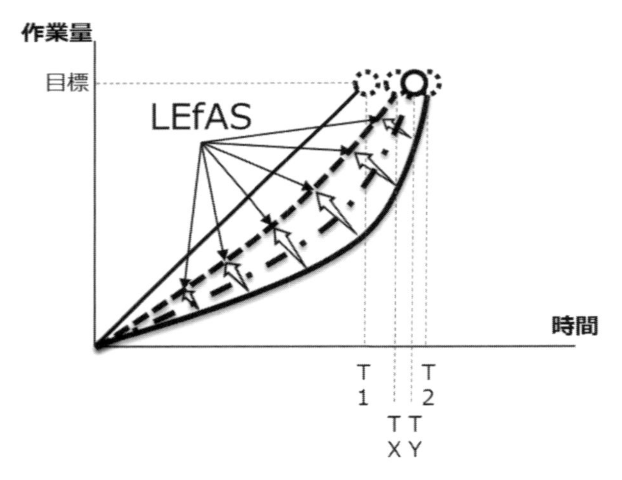

完了目標点
実施完了点
最適プロセスに期待するパフォーマンス
定義されたプロセスに期待するパフォーマンス
定義されたプロセスの実施パフォーマンス
LEfASで改善されたプロセスに期待するパフォーマンス
LEfASで改善されたプロセスの実施パフォーマンス
LEfASによるプロセスに期待するパフォーマンスの改善効果

図 C-5　LEfAS の直接適用によるプロセスの実施パフォーマンス（時間）の改善

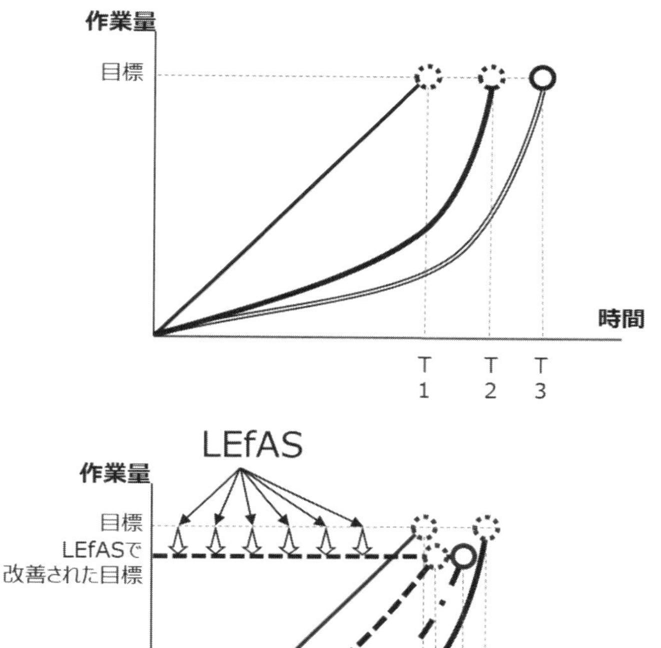

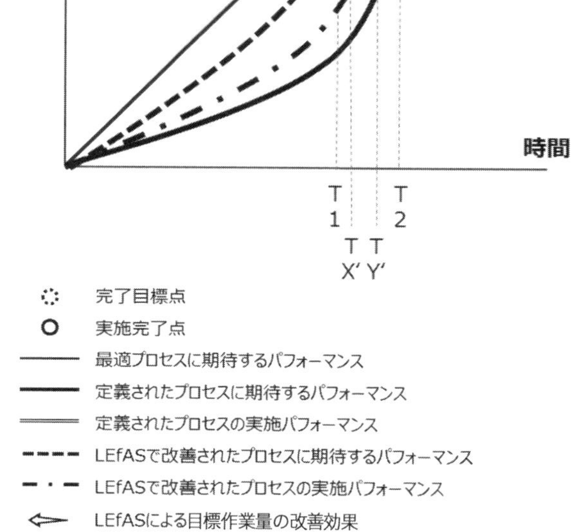

図 C-6　LEfAS の直接適用によるプロセスの実施パフォーマンス（時間&作業量）の改善

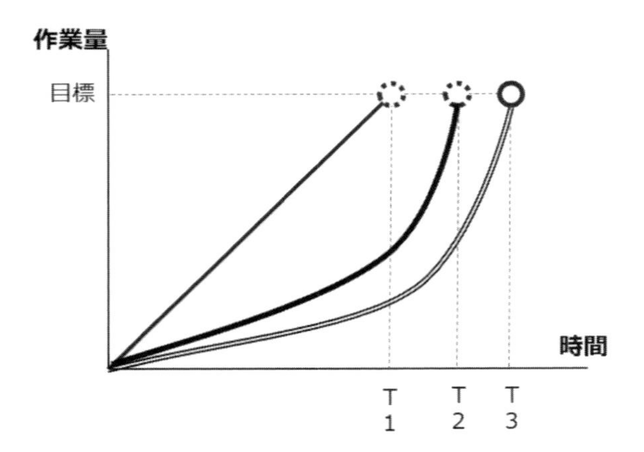

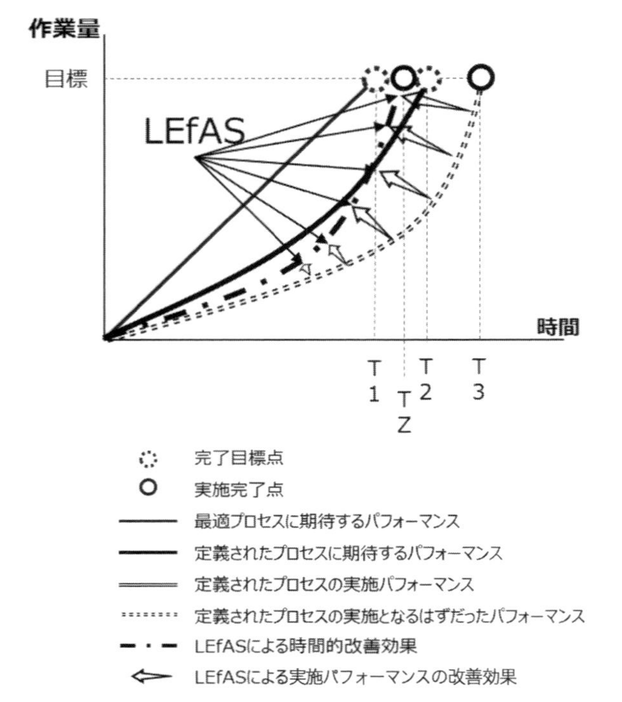

図 C-7　LEfAS の間接適用による活動の実施パフォーマンス（時間）の改善

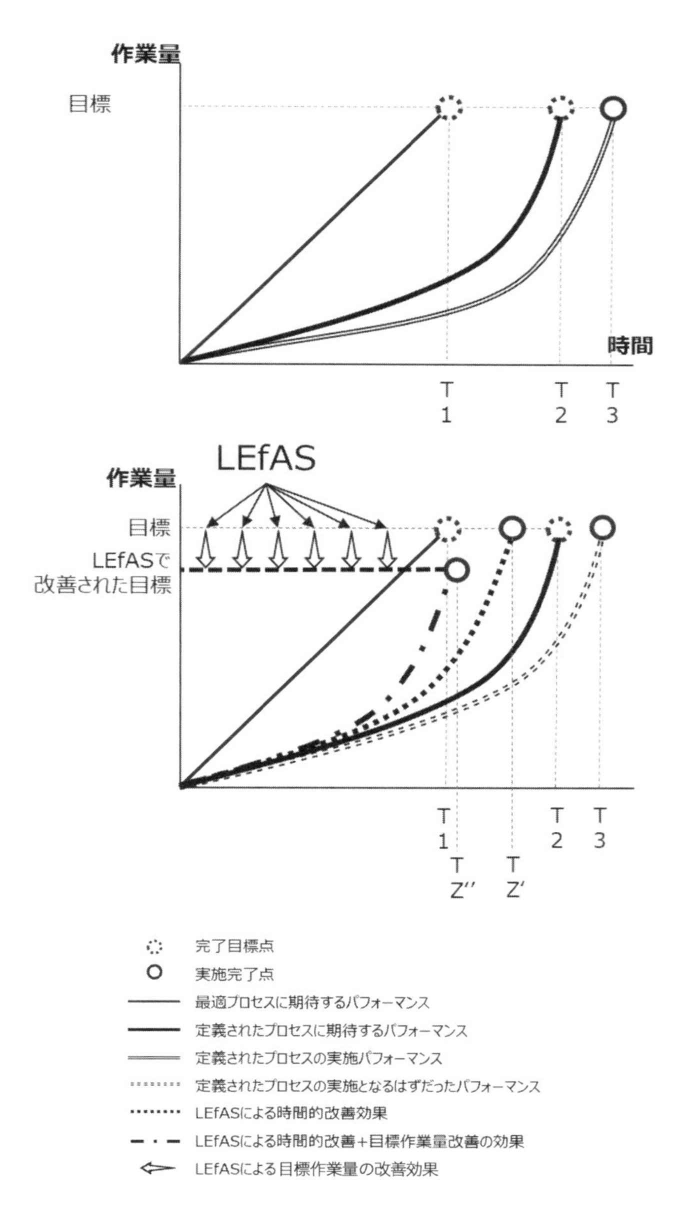

図 C-8　LEfAS の間接適用による活動の実施パフォーマンス（目標）の改善

おわりに

顧客中心の価値づくりをすることは、モノづくりおよびコトづくりの本質である。製品および／またはサービスを顧客に提供するということは、顧客が真に欲する価値を提供するということではないだろうか。よい製品および／またはサービスを生み出すにはよいプロセスが必要であるが、そのプロセスは顧客を含む利害関係者に価値を提供するものでなければならない。ISO/IEC/IEEE 15288（Systems and software engineering - System life cycle processes）などのプロセス参照モデルはベストプラクティスとして用いられることが多いが、単にそのまま用いるだけでは必ずしも利害関係者に価値を提供するまでには至らない。価値を提供するためのプロセス定義には価値の視点が必要であり、その視点が不十分または欠落している場合には必ずしも価値が提供できないため、費用対効果の低い、ムダな活動を含むプロセスが定義されることになる。本書が生まれるきっかけは、利害関係者に価値を提供するプロセスを検討するため、プロセス改善のコミュニティで交流のあった開発プロセス領域の多彩な有識者が集い、熱く議論を交わしたことだった。着想から３年の歳月を掛け、製品および／またはサービスを生み出すプロジェクトの利害関係者に価値をもたらすLean Enablers for Automotive SPICE®（LEfAS）を開発現場に提供できる形にした。当初はこの取り組みを書籍にする予定はなかったが、少しでも開発現場の皆さんに役立ててもらいたいとの思いで、出版という形で世の中に発信することとした。LEfASの中には、熟練者の目から見ると当たり前のこととして映るものも含まれているかもしれないが、熟練者が身近にいない開発現場も少なくないと考え、多くのエンジニアをはじめとする開発関係者に活用していただくために、多様なLEfASを提供している。著者らは、このLEfASおよび「ムダを誘発する要因」を含むプロセス実践ツールが多くの開発現場で当たり前のこととして扱われることを期待している。執筆にあたっては、平日の夜、あるいは休日を利用してのミーティングおよび個人ワークをおこなったこともあり、３年の歳月を要したが、多忙なメンバー全員が粘り強く活動を継続してくれたことに心から感謝を申し上げたい。

LEfAS創出活動の成果発表としては、2022年６月、ドイツ自動車工業会 品質管理センター主催の12th VDA Automotive SYS Conferenceにて、投稿論文「Reducing waste in development activities using Lean Enablers for Automotive SPICE based on lean thinking」の発表機会をいただいた。Automotive SPICEの発祥の地である欧州のカンファレンスでプロセス改善に取り組む人々に、LEfASを紹介できたことは大変光栄なことである。また、この発表から１年後の

2023年11月29日には、Automotive SPICE® v4.0がVDAからリリースされた。v4.0では成果およびプラクティスがコンサイスになっており、著者らが主張する「利害関係者に価値を提供するための過不足のないプロセス定義」とシンクロする方向での進化を遂げている。

このプロセス実践ツールが開発現場の関係者から最終顧客に至る利害関係者に製品および／またはサービスの開発をとおして価値をもたらすことができれば幸甚である。さらに開発現場の関係者がこのプロセス実践ツールを手にすることで、開発プロセスのあるべき姿について深く考える機会を得ることを期待する。

2024年3月

代表著者　河野 文昭

頭字語

ABS	Anti-lock Brake System
ASIL	Automotive Safety Integrity Level
CMMI	Capability Maturity Model Integration
COTS	Commercial Off The Shelf
ECU	Electronic Control Unit
ESC	Electronic Stability Control
HAZOP	HAZard and OPerability studies
HW	Hard Ware
ID	Identifier
INCOSE	The International Council on Systems Engineering
IoT	Internet of Things
JASPAR	Japan Automotive Software Platform and Architecture
KLOC	Kilo Lines Of Code
KPI	Key Performance Indicator
LAI	Lean Advancement Initiative
MAC	Message Authentication Code
MC/DC	Modified Condition/Decision Coverage
MECE	Mutually Exclusive, Collectively Exhaustive
MISRA	Motor Industry Software Reliability Association
MIT	Massachusetts Institute of Technology
NG	No Good
OJT	On the Job Training
QCD	Quality Cost Delivery
PAM	Process Assessment Model
PMBOK	Project Management Body Of Knowledge
PRM	Process Reference Model
SPICE	Software Process Improvement and Capability dEtermination
SW	Soft Ware
SW-CMM	SoftWare - Capability Maturity Model
SysML	System Modeling Language
TCS	Traction Control System

VDA	Verband Der Automobilindustrie e.V.
WBS	Work Breakdown Structure
WG	Working Group

参考文献

1. INCOSE SYSTEMS ENGINEERING HANDBOOK FOURTH EDITON（WILEY）
2. システムズエンジニアリングハンドブック　第４版，2019（慶應義塾大学出版会）
3. Lean Enablers for Systems Engineering, Version 1.0, Released February 1,2009（INCOSE）
https://pdfs.semanticscholar.org/4d51/8fc534473963074d0a296195e8efaf1b7e27.pdf#search=' Lean+Enablers+for+systems+engineering'
4. VDA QMC WORKING GROUP 13 / AUTOMOTIVE SIG. Automotive SPICE Process Assessment / Reference Model, Version 3.1：VDA QMC, November 2017
5. VDA WORKING GROUP 13 Automotive SPICE Process Assessment / Reference Model, Versiorn 4.0：VDA QMC. November 2023
6. the International Organization for Standardization, ISO 26262 Road vehicles -Functional safety, the International Organization for Standardization, 2018.
7. the International Organization for Standardization, ISO/SAE 21434 Road vehicles - Cybersecurity engineering, the International Organization for Standardization, 2021.
8. International Electrotechnical Commission：IEC 61882:2016 -Hazard and operability studies-, International Electrotechnical Commission, 2016.
9. 設計開発の品質マネジメント，1999（日科技連）
10. 実務入門　ヒューマンエラーを防ぐ技術、2006（日本能率協会マネジメントセンター）

著作権表示

・Automotive SPICE® は、Verband der Automobilindustrie e.V. の登録商標である。
（Automotive SPICE® の詳細は、VDA QMC の Web サイトを参照のこと）
・CMM® および CMMI® は、ISACA の登録商標である。
・intacs は、International Assessor Certification Scheme の商標である。
・PMBOK® は、the Project Management Institute, Inc の登録商標である。
・SysML は、Object Management Group,Inc. の商標である。

著者

河野 文昭（こうの　ふみあき）〔代表著者〕

日系自動車メーカー　勤務

自動車業界の開発現場に四半世紀以上在籍。日系自動車部品大手 Tier 1 に入社後、車両に搭載されるブレーキシステムの開発に従事。2004 年からは SW-CMM、CMMI、Automotive SPICE® などを活用した開発プロセスの構築および改善に関する業務を本格化。2012 年には自動車関連プロジェクトでは国内企業初となる CMMI レベル 4 を確立。また、2009 年からは自動車機能安全規格 ISO 26262 に、2017 年からは自動車サイバーセキュリティ規格 ISO/SAE 21434 に対応するための開発プロセスおよび支援ツールの整備を牽引。お客様に安全かつ安心な製品をお届けするため、機能安全アセスメントおよび Automotive SPICE® のリードアセッサーとして自社製品のアセスメントに尽力。2022 年に日系自動車メーカーに転職し、技術部門にて開発プロセス構築および改善、自動車搭載製品の通信ネットワーク、サイバーセキュリティ、ソフトウェアアップデート、システムズエンジニアリングの推進などに従事。

社外活動として、公益社団法人 自動車技術会、一般社団法人 JASPAR、一般財団法人 日本自動車研究所などの業界協調活動の他、一般社団法人 情報処理学会情報規格調査会にて国際標準規格の審議および調査に長らく従事。さらに INCOSE の日本支部である一般社団法人 JCOSE にてシステムズエンジニアリングに関するイベントの企画運営、日本 SPICE ネットワークでは 2010 年の設立当初からコミュニティ代表としてプロセスに関するイベントの企画運営に携わる。

2019 年より、慶應義塾大学大学院 システムデザイン・マネジメント研究科の非常勤講師としてシステムズエンジニアリングの授業を担当。2022 年より、公益社団法人 自動車技術会主催のシステムズエンジニアリング育成プログラム講座にてシステムズエンジニアリング講座の講師を担当。

・技術士（情報工学部門、総合技術監理部門）
・intacs™ 認定 Automotive SPICE Principal Assessor
・intacs™ 認定 Automotive SPICE for Cybersecurity
・外資系認証機関 日本法人認定 ISO 26262 Competent Assessor
・ISO/IEC JTC 1/SC 7/WG 10 アドバイザー
・ISO/TC 22/SC 32/WG 11 エキスパート

小田 祐司（おだ　ゆうじ）

DNV ビジネス・アシュランス・ジャパン株式会社　勤務

自動車部品メーカーにて、開発に 30 年以上従事。ボディ制御、エアバッグやブレーキシステムなどの部品開発に従事。プロジェクトマネージャー、ハードウェアマネージャーなどのいくつもの役職を経験、2012 年より機能安全担当マネージャー（開発改善兼務）、2020 年よりサイバーセキュリティ（CS）も兼務し、分析手法、プロセス開発、開発改善などに取り組む。安全コンセプト記法研究会（ユースケース SWG など）、日本 SPICE ネットワークに所属し、開発プロセス改善、分析手法を促進。

2021 年 2 月より DNV ビジネスアシュアランスジャパンにて、CS 分析手法支援、検証およびトレーニング開発を担当。

2023 年より JASPAR 情報セキュリティ技術 WG、サブチームリーダー。

・DNV 認定 Automotive Functional Safety Expert
・intacs™ 認定 Automotive SPICE Provisional Assessor
・intacs™ 認定 Automotive SPICE for Cybersecurity

清水 祐樹（しみず　ゆうき）

SGS ジャパン株式会社　勤務

組込みソフトウェア、エンタープライズシステム開発に長らく従事し、製品開発プロジェクトにおいての実際の開発からプロジェクトリーダー／マネージャー、組織チームリーダーとしてのマネジメントを実施。また、製品開発組織において開発プロセスの構築、プロジェクトでのプロセスの実施を行う。その後、組込み開発に関連するツールベンダーにて、CMMI、Automotive SPICE® のプロセス構築支援、ISO 26262 などの規格に対応した管理ツールの企画立案、開発（要求定義、設計、実装、検証、妥当性確認、各種マニュアル類の作成、委託先管理など）導入支援、営業活動などを実施。

2018 年より SGS ジャパン株式会社にて機能安全、Automotive SPICE® のプロセス構築支援、プロジェクトへのプロセスの適用支援、各種のトレーニングの提供、監査、認証、アセスメント業務を実施。また、プロセスの実施に際し、各種開発支援ツールの導入支援を行っている。

・SGS-TÜV 認定 Automotive Functional Safety Expert（AFSE）
・SGS-TÜV 認定 ISO 26262 機能安全監査員
・SGS-TÜV 認定 Certified Automotive Cyber Security Professional（CACSP）
・intacs™ 認定 Automotive SPICE Competent Assessor

土屋 友幸（つちや　ともゆき）

株式会社ティアフォー　勤務

ブレーキシステムサプライヤーにおいて、機能安全対応プロセスの構築、システムエンジニアリング部門の立ち上げ、システムエンジニアリング手法論の実装を経験したのち、コンサルティング会社にて主にシステム部門に対して Automotive SPICE をベースにしたプロセス構築および改善、システムズエンジニアリング導入、機能安全対応などのエンジニアリング支援を担当、現在は株式会社ティアフォーにて自動運転サービスのセーフティ＆セキュアを実現する開発に従事。

・intacs™ 認定 Automotive SPICE Provisional Assessor

阪野 正樹（ばんの　まさき）

日系 Tier1 ブレーキシステムサプライヤー　勤務

ABS（Anti-lock Brake System）、ESC（Electronic Stability Control）の制御開発に携わり、SUV（Sport Utility Vehicle）向け横転抑制制御を国内で初めて商品化。その後 CMMI、Automotive SPICE® などを活用した開発プロセスの構築および改善業務に携わり、ソフトウェア開発部署として CMMI レベル 4 を取得。

2010 年頃より自動車機能安全規格 ISO 26262 の全社推進活動に携わり、機能安全アセッサーとして社内の機能安全アセスメント業務および全社の機能安全活動の支援に従事し、現在に至る。

・intacs™ 認定 Automotive SPICE Provisional Assessor

松田 香理（まつだ　かおり）

日本電気通信システム株式会社　勤務

ネットワークシステム、基地局のソフトウェアおよびファームウェアの開発に従事し、後にプロジェクトマネージャーとして管理プロセスを経験。その後全社品質部門にて自社製品開発プロセス構築および品質保証活動、また社内で初めてAutomotive SPICE® を活用した開発プロセスと車載品質保証プロセスの構築および品質保証活動を行い、自社のAutomotive SPICE® に関する活動を先導、顧客への品質保証に貢献した。

現在は顧客のニーズ（品質保証、Automotive SPICE®、機能安全、サイバーセキュリティ、検証）に合わせたソリューションコンサルタントとしてコンサルティンググループを取りまとめている。

・intacs™ 認定 Automotive SPICE Competent Assessor

Lean Enablers for Automotive SPICE®
－真の価値を生み出すプロセス実践ガイド－

2024年5月21日　第1刷発行

著　者　　河野文昭　小田祐司　清水祐樹
　　　　　土屋友幸　阪野正樹　松田香理

発行人　　大杉　剛
発行所　　株式会社 風詠社
　　　　　〒553-0001　大阪市福島区海老江5-2-2 大拓ビル5-7階
　　　　　TEL 06（6136）8657　https://fueisha.com/
発売元　　株式会社 星雲社（共同出版社・流通責任出版社）
　　　　　〒112-0005　東京都文京区水道1-3-30
　　　　　TEL 03（3868）3275
装　幀　　２DAY
印刷・製本　シナノ印刷株式会社

ISBN978-4-434-33688-1 C0053